Giftpflanzen – Gifttiere

blv

Merkmale | Giftwirkung | Erste Hilfe

HORST ALTMANN

Was Sie in diesem Buch finden

Etliche Wildblumen sind giftig. Seltene Arten werden in unseren Gärten gern gepflegt, können aber auch Vergiftungen verursachen. Hier finden Sie alle Arten nach Familien geordnet.

Eine besondere Gefahr für Kinder geht von den teilweise verführerisch leuchtenden Beeren giftiger Bäume oder Sträucher aus. Lernen Sie die Arten kennen, von denen nicht sorglos genascht werden darf.

Viele Eltern machen sich Sorgen, wenn der Nachwuchs in einem unbeaufsichtigten Moment auf den Blättern der geliebten Zimmerpflanze herumgekaut hat. Die Übersicht zeigt, welche Arten gefährlich werden können.

Nicht nur Schlangen sind giftig, auch andere Tiere können für den Menschen gefährlich werden. Erfahren Sie alles Wissenswerte über giftige Skorpione, Spinnen, Insekten, Amphibien und Reptilien.

Vorwort

Im Jahr 2010 erhielt der Giftnotruf München 3971-mal Anrufe zu Vergiftungen mit Pflanzen. 414-mal wurde wegen Gifttieren nachgefragt. 2113 Anfragen kamen von besorgten Eltern, ErzieherInnen, ApothekerInnen und ÄrztInnen, weil Kleinkinder oder Grundschulkinder Pflanzenteile zu sich genommen hatten. Dies zeigt die Brisanz dieser Art der Vergiftung, von der vor allem unser wertvollstes Gut, nämlich unsere Kinder, betroffen ist.
Glücklicherweise sind dabei jedoch tödliche Vergiftungen selten. Allerdings sind Symptome wie Durchfall und Erbrechen häufig und können unsere Kleinen ganz schön mitnehmen.
Durch die Entfremdung des Menschen von der Natur sind den meisten Erwachsenen, darunter auch den Ärzten, Pflanzen gänzlich unbekannt. Andererseits besteht die Vorstellung, dass alles, was aus der Natur stammt, auch gut und gesund sein müsse. Dies drückt sich im Hang zu pflanzlichen Medikamenten oder auch zur alternativen Medizin aus. Uns sind tödliche Vergiftungen durch Verwechslung von Bärlauchblättern mit den Blättern der Herbstzeitlose bekannt, nachdem in den Medien empfohlen wurde, man solle Bärlauch zur »Blutreinigung« essen.
Einerseits besteht also die Sehnsucht, die heilende Kraft der Natur zu nutzen, andererseits die Tendenz, alles Giftige auszurotten. So werden giftige Pflanzen von Kinderspielplätzen und Schulhöfen verbannt, Zierpflanzen müssen aus Gärten verschwinden, Zimmerpflanzen werden beseitigt, wenn sich Nachwuchs ankündigt. Diese Überreaktionen wären nicht notwendig, wenn die Kenntnisse über giftige Pflanzen und Tiere größere Verbreitung hätten.
Im Sinne von »Gefahr erkannt, Gefahr gebannt« könnte mehr Sachlichkeit im Umgang mit natürlichen Giften, die sich nicht vernichten lassen und zu deren Ausrottung (z. B. Giftschlangen) die Gesellschaft auch nicht berechtigt ist, einkehren.
Für Eltern, Erzieher und interessierte Naturfreunde, aber auch Ärzte und Apotheker, die sich rasch über Giftpflanzen und Gifttiere informieren möchten, ist dieses Taschenbuch ein wertvoller Ratgeber.
Der medizinische Teil wurde gründlich überarbeitet. Neue Pflanzen, die auch als Drogen missbraucht werden können, wurden aufgenommen.
Wir können dieses Büchlein besonders empfehlen

Prof. Dr. Th. Zilker
Leiter der Toxikologischen Abteilung
Klinikum rechts der Isar, München

Einführung

Vorsicht: Gift im Garten.
Goldregen kann giftig sein.
15 Kinder aßen Goldregen – vergiftet.
Der Tod lauert am Kinderspielplatz!

Diese Schlagzeilen sind nicht frei erfunden; sie standen als Überschriften in Tageszeitungen. Die Ursachen waren in jedem Fall sogenannte Massenvergiftungen.
Das heißt, dass mehrere Personen – hauptsächlich waren Kinder die Betroffenen – zur gleichen Zeit durch den Genuss derselben Pflanzenteile mehr oder weniger schwer erkrankt waren. Meist wurden diese Vergiftungen nicht durch Pflanzen hervorgerufen, die man in unwegsamen Gegenden, in dunklen Wäldern, in moorigen Landschaften und Sümpfen suchen musste, sondern durch solche, die man sowohl in kleinen Ortschaften als auch in Großstädten finden kann und die dort nicht nur in Gärten und Anlagen als Straßenbegrenzung oder als lebende Zäune, sondern sogar – zur Zierde – in Kindertagesstätten, Schulen, Sportplätzen und Freibadeanlagen angepflanzt sind.

Wespe griff Fahrer an:
Lkw walzte vier Autos nieder.
Eine Wespe – Pferde kriegten die Kurve nicht.
Rekord: 74 Wespenschwärme!

Auch dies waren Schlagzeilen in Tageszeitungen. Hier waren nun einzelne Tiere die Verursacher und einzelne Personen die Betroffenen. Sollte man nun, nur weil der Lenker eines Lkw nicht rechtzeitig stehen blieb, um die Wespe aus seinem Führerhaus zu entfernen, oder weil ein angespanntes Pferd von einer Wespe (?) gestochen wurde und daraufhin davongaloppierte, alle diese ungeliebten Insekten vernichten? Solchem Denken entsprang vielleicht die Erfolgsmeldung einer deutschen Großstadtfeuerwehr, dass an einem Tag 74 Wespenschwärme eingefangen und vernichtet wurden. Wenn wir schon mit atomarer Strahlung, schadenbringender Chemie und unvermeidlichen Abgasen leben müssen, sollten wir auch versuchen, mit Tieren auszukommen, die durch den Menschen ihren natürlichen Lebensraum verlieren.
In einigen deutschen Städten wurden Informationsblätter über Wespen und Hornissen herausgegeben, in denen die unterschiedlichen Lebensweisen der verschiedenen Arten aufgeführt sind. Man erfährt auch vom richtigen Umgang mit Wespen und Hornissen in Nestnähe und abseits vom Nest, etwa am Frühstückstisch, und wie man sie vertreiben kann, ohne gestochen zu werden.
Alle diese Vorkommnisse waren eigentlich der Anlass, ein Büchlein über

giftige Pflanzen und Tiere zu schreiben, das keinen Anspruch auf Vollständigkeit erhebt, das aber dem Bestimmen und Kennenlernen dienen soll, um damit Vergiftungen zu verhindern, indem es das Kind, den Jugendlichen und auch den Erwachsenen auf eventuelle Vergiftungsmöglichkeiten durch Pflanzen und Tiere hinweist.

Bei eingetretenen Vergiftungen soll es dem Laien dann helfen, sich richtig zu verhalten, Erste-Hilfe-Maßnahmen zu ergreifen. Gegebenenfalls ist es ratsam, dieses Büchlein zum behandelnden Arzt mitzunehmen, um es ihm zu erleichtern, über die Identifizierung des Verursachers rasch zur richtigen Therapie zu gelangen.

Bei der Zusammenstellung des Manuskriptes war es sehr schwer, eine geeignete Auswahl giftiger Tiere und Pflanzen zu finden; denn was ist giftig? Schon der große Arzt und Naturforscher Paracelsus (1494–1541) sagt: »Alle Dinge sind Gift und nichts ist ohne Gift, allein die Dosis macht, dass ein Ding kein Gift ist.« So wird auch der Inhalt dieses Buches vielleicht seinem Titel nicht ganz gerecht. Denn welches Gewächs ist schon eine wirkliche »Giftpflanze« und welches Lebewesen ein ausgesprochenes »Gifttier«? Meist enthalten doch beide nur mehr oder weniger genau bekannte Stoffe, die dem menschlichen Organismus Schaden zufügen können, wenn sie, auf irgendeine Art und Weise und in zu hohen Dosen, dem Körper zugeführt werden. Es beinhalten also viele Pflanzen und Tiere Stoffe, die zwar als giftig gelten oder auch als Gift beschrieben sind, aber, genau dosiert, in der Hand des Arztes als Heilmittel wirken.

Ganz bewusst wurden z.B. die in vielen Unterarten vorkommenden Pfingstrosen- oder Azaleengewächse, der Sumpfporst und die Küchenschelle weggelassen, da durch sie in den letzten Jahren keine nennenswerten Vergiftungen bekannt geworden sind und die verhältnismäßig wenigen Anfragen bei den Giftnotrufzentralen meist nur der Information dienten.

Wenn nun auch Pflanzen wie die Gartenbohne oder die Vogelbeere aufgeführt sind, dann nur deshalb, weil Vergiftungen durch den Genuss der rohen Bohnen bzw. Beeren bekannt wurden. Gekocht die eine, als Tee oder Marmelade zubereitet die andere, ist keine der beiden Pflanzen giftig. Oft sind auch dann, wenn bei Gift und Wirkung keine näheren Angaben gemacht werden, große Mengen von Teilen einer Pflanze notwendig, um die genannten Vergiftungserscheinungen hervorzurufen. Bei den als »giftig« angeführten Zimmerpflanzen wurden die Statistiken zweier großer deutscher Giftnotrufzentralen ausgewertet; hier war nicht unbedingt die Giftigkeit, sondern mehr die Häufigkeit der Anrufe ausschlaggebend.

Während bei den Pflanzen meist die Toxizität oder die Häufigkeit des Vor-

Eine Zierde in vielen Gärten – die den Magen-Darm-Trakt reizende Pfingstrose. Vergiftungsfälle sind in den letzten Jahren nicht bekannt geworden.

kommens, vor allem aber bekannt gewordene Vergiftungen eine große Rolle spielten, wurde bei der Auswahl der Tiere von anderen Gesichtspunkten ausgegangen. Hier sind einige in der Lage, durch Bisse und Stiche Giftstoffe auf den Menschen zu übertragen, andere wehren sich, indem sie giftige Stoffe über Hautdrüsen ausscheiden. Wieder andere sind überhaupt nicht giftig, unter Umständen aber für den Menschen gefährlicher, als es scheint, nämlich als Überträger von Krankheiten. Dazu zählen einige Arten der Stechmücken und die Zecke. Wenn bei einigen Tieren über Erste Hilfe nichts geschrieben steht, so nur deswegen, weil es entweder nicht notwendig ist, aus der Therapie hervorgeht oder ein eventuell notwendiges Händewaschen weder als Erste Hilfe noch als Therapie, sondern ganz einfach als selbstverständliche Vorsichtsmaßnahme zu bewerten ist.

Erwähnt werden sollte noch, dass sämtliche Amphibien und auch die beschriebenen Schlangen unter Naturschutz stehen. Viele dieser Tiere sind vom Aussterben bedroht; man sollte also nicht ein Übriges tun und sie umbringen und erschlagen, nur weil sie giftig sind und vielleicht sogar »hässlich« aussehen. Dass z. B. durch das Berühren von Kröten auf der menschlichen Haut Warzen entstehen könnten, ist derselbe Unsinn wie die Behauptungen, dass Kreuzottern Menschen anspringen oder dass drei Hornissenstiche einen Menschen töten würden.

Da dieses Büchlein nicht nur dem Laien und Naturfreund, sondern auch dem Arzt dienlich sein soll, konnte verständlicherweise nicht auf einige medizinische Fachausdrücke verzichtet werden. Soweit sie bei Vergiftungserscheinungen unumgänglich notwendig waren, sind sie ab Seite 198 zusammengefasst und erklärt. Die Stichpunkte »Gift« und »Wirkung« sind für den Arzt bestimmt, da ja gerade die Wirkung durch einen anderen als den beschriebenen Stoff zwar eine gleiche sein kann, aber eine andere Therapie erfordert. Ebenso ist die Therapie nur für den Arzt bestimmt; auch hier sind viele Fachausdrücke verwendet, die aufzuschlüsseln aber aus Platzgründen nicht möglich ist.

Vergiftungen mit Giftpflanzen sind mit 14%, gleich nach den Vergiftungen mit Medikamenten, im Giftnotruf München die zweithäufigste Ursache für Anfragen. Tierische Gifte sind viel seltener (1,5%) Ursache einer Vergiftung. Die Erfahrungen zeigen, dass gesundheitliche Schäden durch Pflanzen verhältnismäßig gering sind. Kinder im ersten Lebensjahr haben vor allem Kontakt mit Zimmerpflanzen. Kleinkinder bis zum sechsten Lebensjahr nehmen viel häufiger Pflanzen im Freien zu sich, vor allem im Sommer und Herbst reife Beeren.

Kinder im Schulalter vergiften sich seltener mit Giftpflanzen. Vereinzelt werden verschiedenste Beeren und Giftpflanzen genommen, die als Droge dienen. In den letzten Jahren stieg die Einnahme von Giftpflanzen als Droge bei Jugendlichen auffallend an; am häufigsten traten Vergiftungen durch Konsum von Blüten oder Blättern der Engelstrompete oder Beeren der Tollkirsche auf. Auch bei Erwachsenen sind Kontakte mit Giftpflanzen keine Seltenheit.

Wiederholt kam es beim Sammeln essbarer Pflanzen zu Verwechslungen mit ähnlich aussehenden giftigen Kräutern (z. B. wird Bärlauch mit den hochgiftigen Blättern der Herbstzeitlosen verwechselt). Giftpflanzen werden aber auch in suizidaler Absicht genommen.

Bei Vergiftungen mit Gifttieren ist zu erwähnen, dass in den letzten fünf Jahren Bisse der Kreuzotter zugenommen haben; zwischen 50–60 Anfragen pro Jahr.

Über die Texte zu »Erste Hilfe« und »Therapie« bei den jeweiligen Artenbeschreibungen hinausgehend hier noch einige allgemeinere Hinweise zu diesen wichtigen Themen.

Erste Hilfe: keine voreilige Therapie, keine Behandlung durch Laien! Nach dem Verzehr von giftigen Früchten oder anderen Pflanzenteilen sollte in jedem Fall eine Giftinformationszentrale oder ein Arzt möglichst rasch befragt werden. Bei der Identifizierung der Pflanze können auch Apotheker oder Gärtnereien behilflich sein. Sinnvoll als Laienhilfe sind die Entfernung aus dem Mund und die Gabe von Flüssigkeit (Wasser, Tee, Fruchtsäfte); keine Milch, da dadurch die Giftaufnahme begünstigt werden kann.

Therapie (ärztliche Maßnahmen):
Unter primärer Giftentfernung versteht man die Elimination des Giftes vor seiner Aufnahme in die Zirkulation und somit vor seiner Verteilung in das Körpergewebe. Bei oraler Giftaufnahme gilt heute die sogenannte »1-Stunden-Regel«, d. h., eine Giftentfernung wird nur noch dann durchgeführt, wenn
1. eine toxisch relevante Giftmenge aufgenommen wurde und
2. die Giftaufnahme nicht länger als eine Stunde zurückliegt.
Bei den relativ kurzen Transportzeiten im modernen Rettungswesen ist von einer Magenspülung oder vom Auslösen von Erbrechen vor der Klinikaufnahme abzuraten.
Bei Vergiftungen mit Giftpflanzen reicht in vielen Fällen die Gabe von Medizinalkohle. Nur in sehr seltenen Fällen soll – und auch nur unter ärztlicher Aufsicht – Erbrechen ausgelöst werden (Brechsirup Ipecacuanha). »Salzwasser« als Brechmittel ist besonders für Kinder absolut kontraindiziert, da eine lebensbedrohliche Kochsalzvergiftung hervorgerufen werden kann.

An dieser Stelle möchte ich dem leitenden Arzt der Toxikologischen Abteilung der Technischen Universität München, Herrn Professor Dr. Zilker, und seiner Mitarbeiterin, Frau Dr. med. Gabriele Dostal, für ihre Mithilfe und Ausarbeitung des medizinischen Teils herzlich danken.

Die Toxikologische Abteilung im Klinikum rechts der Isar in München ist die älteste klinisch-toxikologische Spezialabteilung in Deutschland (gegründet 1963). Die Beratung bei akuten und chronischen Vergiftungen übernahm zur selben Zeit der Giftnotruf München, der sich zu einem festen Bestandteil der Toxikologischen Abteilung entwickelt hat. Das Erfassen und Auswerten von Vergiftungen macht eine sinnvolle Vorsorge möglich und dient damit dem vorbeugenden Gesundheitsschutz.

Die giftige Engelstrompete wird in letzter Zeit zunehmend als Droge missbraucht.

Wildblumen und Gartenformen

Auf den folgenden Seiten werden Ihnen die krautigen, also nicht verholzenden Giftpflanzen vorgestellt. Sie finden im Kapitel weit verbreitete Arten wie den Fingerhut oder die Tollkirsche, aber auch gefährliche Seltenheiten wie das Krainer Tollkraut. Auch Gartenpflanzen wurden aufgenommen, denn gerade Kinder kommen mit ihnen zuerst in Berührung. Etliche besonders attraktive, wie etwa die Tulpe oder Tagetes, sind zum Glück nicht sehr gefährlich – bei anderen ist besondere Vorsicht angezeigt.

Wurmfarn

Dryopteris filix-mas

Schildfarne, Aspidiaceae. **Merkmale:** Der Wurmfarn, auch Waldfarn, Bandwurmkraut oder Johanniswurzel, wächst mit einem fleischigen Wurzelstock bis zu einer Höhe von 1 m. Die Blätter wachsen in trichterförmigen, lockeren Büscheln, gefiedert, auf der Unterseite mit Fruchthäufchen, von nierenförmigen Schleiern bedeckt. **Vorkommen:** Europa, Nordamerika. In Laub- und Nadelwäldern, Gebüschen, Gärten. **Gift:** Alle Pflanzenteile sind giftig, sie enthalten Butanonphloroglucide. Diese wirken lähmend auf Darmparasiten, haben aber starke Nebenwirkungen. **Vergiftungserscheinungen:** Übelkeit, Erbrechen, Leibschmerzen, Sehstörungen. **Erste Hilfe:** Nicht möglich; Arztbesuch oder Auskunft über Giftnotruf.

Adlerfarn

Pteridium aquilinum

Tüpfelfarne, Polypodiaceae. **Merkmale:** Bis 2 m hoch wachsender Farn mit hellgrünen Blättern, die bogenförmig geneigt sind, ähnlich den Schwingen eines Adlers. **Vorkommen:** Mitteleuropa. **Gift:** Thiaminase, Blausäureglykoside, Pteridin in allen Pflanzenteilen. Bei Tieren können Vergiftungen mit zentralnervösen Störungen auftreten.

Osterluzei

Aristolochia clematitis

Osterluzeigewächse, Aristolochiaceae. **Merkmale:** Eine mehrjährige, bis etwa 60 cm hohe Pflanze mit ganzrandigen, herzförmigen, lang gestielten Blättern. Von Mai bis Juni stehen bzw. hängen die eigenartigen, röhrenförmigen gelben Blüten in den Blattachseln. In der birnenförmigen Kapselfrucht entwickeln sich die flachen, kastanienbraunen Samen. **Vorkommen:** Vom Mittelmeergebiet bis Mitteleuropa in der Nähe von Weinbergen, feuchten Wäldern, Unterholz und Hecken. **Gift:** Aristolochiasäure, ätherisches Öl, Gerbstoffe. **Wirkung:** Die Aristolochiasäure ist ein Zellgift ähnlich wie Colchicin. Das ätherische Öl und die Gerbstoffe haben eine schleimhautreizende Wirkung. Vergiftungen wurden häufiger bei Tieren beobachtet, während bei Menschen so gut wie nie Vergiftungen bekannt wurden. **Vergiftungserscheinungen:** Nach Verschlucken der Pflanzenteile Erbrechen, Durchfall, Pulsbeschleunigung, Blutdruckabfall. Nach Einnahme größerer Mengen Krämpfe, Atemlähmung und Nierenschäden möglich. **Erste Hilfe:** Bei Beschwerden zum Arzt. **Therapie:** Gabe von Kohle und Abführmittel, sonst symptomatische Therapie.

giftig Wurmfarn

schwach giftig Adlerfarn

giftig Osterluzei

Schwarze Nieswurz

Helleborus niger

Hahnenfußgewächse, Ranunculaceae. **Merkmale:** Die Schwarze Nieswurz oder Christrose blüht von Dezember bis März mit weißen, flach ausgebreiteten Blüten. Bis 30 cm hoch wird der blattlose Stängel. **Vorkommen:** Wild wachsend nur in den Berchtesgadener Alpen; häufig als Zierpflanze in Gärten. **Gift:** Saponin und die Glykoside Helleborein und Hellebrin in vermutlich allen Pflanzenteilen. **Wirkung:** Das Saponin Hellebrin wirkt an der Haut und Schleimhaut lokal reizend; Helleborein hat Digitaliswirkung. Vergiftungen wegen geringer Verbreitung der Pflanze sehr selten. **Vergiftungserscheinungen:** Kratzen im Mund, Speichelfluss, Übelkeit, Magenschmerzen, Erbrechen, Koliken, Durchfälle; Puls verlangsamt, unregelmäßig; Atemnot, Herzschwäche, Schwindel, weite Pupillen. **Erste Hilfe:** Vorstellung beim Arzt. **Therapie:** Bei größerer Menge primäre Giftentfernung, Kohlegabe, Abführmittel, sonst symptomatisch.

Die Grüne Nieswurz *(Helleborus viridis)* kommt in Westeuropa und Mitteleuropa vor. Im südlichen Mitteleuropa und in Südeuropa wächst die Stinkende Nieswurz *(Helleborus foetidus)*. Beide sind schwach giftig und ähneln in Inhaltsstoffen und Wirkung – wie auch das Adonisröschen *(Adonis vernalis)* und der Winterling *(Eranthis hyemalis)* – der Schwarzen Nieswurz.

Christophskraut

Actaea spicata

Hahnenfußgewächse, Ranunculaceae. **Merkmale:** Eine ausdauernde, krautige Pflanze, die eine Höhe von 30–60 cm erreicht. Die großen, langstieligen Blätter sind 3-zählig gefiedert und gesägt. Von Mai bis Juni/Juli zeigen sich die kleinen weißen Blüten in dichten, endständigen oder blattachselständigen Trauben. Die länglich-eiförmigen Beeren sind im Reifezustand glänzend schwarz; sie beinhalten mehrere, in zwei Reihen angeordnete Samen und weinroten Saft. **Vorkommen:** Fast ganz Europa. In den Alpen und im Alpenvorland häufig, fehlt aber z. B. in der Nordwestdeutschen Tiefebene. In Laub- und Mischwäldern, auf lockerem, steinigem Boden. **Gift:** Im Samen und in den Beeren ist kein stark wirkender Inhaltsstoff gefunden worden. **Wirkung:** Lokal reizend. **Vergiftungserscheinungen:** Nach Verzehr der Früchte ist kaum eine Vergiftung zu erwarten, eventuell Magen-Darm-Beschwerden. **Erste Hilfe:** Gegebenenfalls zum Arzt. **Therapie:** Symptomatisch.

giftig Schwarze Nieswurz

schwach giftig Christophskraut

Blauer Eisenhut

Aconitum napellus

Hahnenfußgewächse, Ranunculaceae. **Merkmale:** Ausdauernde, krautige Pflanze, die mit einer rübenartigen Wurzel überwintert. Der aufrechte Stängel wird 50–150 cm hoch und trägt dunkelgrüne, gefingerte, 5–7-fach eingeschnittene Blätter. Die dunkelblauen bis dunkelvioletten Blüten mit ihrem helmförmigen Aussehen zeigen sich von Juni bis September. **Vorkommen:** Europa. Hauptvorkommen in den Alpen und im Mittelgebirge; an schattigen Plätzen, auf feuchten Böden, an Gebirgsbächen. **Gift:** Die Wurzel, die Blätter und auch die Blüten enthalten das giftige Alkaloid Aconitin. Der Eisenhut wird oft als die giftigste Pflanze Europas beschrieben. Schon beim Pflücken kann das Gift durch die Haut eindringen und Hautentzündungen und schwere Vergiftungen hervorrufen. Tödliche Vergiftungen kamen vor infolge Verwechslung der Pflanze mit Sellerie- und Meerrettichwurzeln sowie durch Verwendung von Eisenhutblättern im Salat. **Wirkung:** Vorwiegend an der Herzmuskelzelle und an der Nervenzellmembran. **Vergiftungserscheinungen:** Schon 10–20 Minuten nach oraler Aufnahme Brennen und Kribbeln im Mund, in den Fingern und Zehen, dann über die Haut des ganzen Körpers, verbunden mit Schweißausbrüchen und Frösteln; später typische Pelzigkeit, Schmerzunempfindlichkeit und Gefühl der Eiseskälte. Außerdem kann es zu Übelkeit, Erbrechen, kolikartigen Durchfällen, Schmerzen in Kopf-, Hals-, Rücken- und Herzgegend, Ohrensausen, Gelb-Grün-Sehen und Harnflussvermehrung kommen. Bei schweren Vergiftungen kann nach anfänglicher Atmungsbeschleunigung eine Atem- und Herzlähmung mit gleichzeitiger Untertemperatur zum Tod bei erhaltenem Bewusstsein führen. **Erste Hilfe:** Sofortiger Transport ins Krankenhaus. **Therapie:** Falls verschluckt, möglichst frühzeitig Giftentfernung durch induziertes Erbrechen oder Magenspülung. Gabe von Kohle und Laxans. Bei Herzrhythmusstörungen Gabe von Magnesium und evtl. Schrittmacherstimulation. Immer intensivmedizinische Überwachung.

Gelber Eisenhut

Aconitum vulparia

Der Gelbe Eisenhut oder Wolfs-Eisenhut ist ebenfalls eine Giftpflanze. Er beinhaltet dieselben Wirkstoffe wie *A. napellus*. Der Wolfs-Eisenhut wächst mit hellgrünen Blättern und blassgelben Blüten in Schluchten und Auwäldern und kommt von der Ebene bis 2400 m vor. **Gift** bis **Therapie**: Siehe Blauer Eisenhut.

stark giftig Blauer Eisenhut

stark giftig Gelber Eisenhut

Hoher Rittersporn

Delphinium elatum

Hahnenfußgewächse, Ranunculaceae. **Merkmale:** Bis zu 150 cm große Pflanze mit großen, handförmigen Blättern. Teilblättchen stark gesägt. Die blauen Blüten mit Sporn stehen in lockerer Traube. **Vorkommen:** Russland, Pyrenäen, in den Alpen, oft in Gärten kultiviert. **Gift:** In allen Pflanzenteilen dem Aconitin ähnliche Alkaloide, die aber wesentlich schwächer in der Wirkung sind. **Vergiftungserscheinungen:** Die Angaben darüber sind sehr widersprüchlich. Im Zweifelsfall Auskunft beim Giftnotruf einholen.

Gemeine Akelei

Aquilegia vulgaris

Hahnenfußgewächse, Ranunculaceae. **Merkmale:** 30–80 cm hohe, krautige Pflanze mit lang gestielten Blättern. Die im Bogen herabhängenden Blüten sind blauviolett mit 5 Blütenhüllblättern und 5 trichterförmig gespornten Honigblättern. Die Balgfrüchte sind vielsamig. **Vorkommen:** Asien, Europa in lichten Laubwäldern und auf Waldwiesen; im Gebirge bis 2000 m Höhe vorkommend. Als Zierpflanze in farbenprächtigen Formen. **Gift:** In allen Pflanzenteilen, besonders im Samen, ist ein blausäureabspaltendes Glykosid in geringen Mengen enthalten. **Vergiftungserscheinungen:** Nach oraler Aufnahme größerer Mengen können Benommenheit, Pupillenverengung, Atemnot und Durchfälle auftreten. **Erste Hilfe:** Da die Akeleipflanzen nur schwach giftig sind, ist es angebracht, im Zweifelsfalle Auskunft beim Giftnotruf einzuholen.

Buschwindröschen

Anemone nemorosa

Hahnenfußgewächse, Ranunculaceae. **Merkmale:** Das 10–20 cm groß werdende Buschwindröschen zählt zu den ersten Frühlingsblühern (März bis Mai). An jedem Blütenstängel entwickelt sich eine einzige weiße, manchmal leicht rosa gefärbte Blüte. **Vorkommen:** Zentral- und Westeuropa. In Laub- und Mischwäldern, unter Gebüschen, auf feuchten Wiesen. **Gift:** In allen Pflanzenteilen sind Protoanemonin und Anemonin enthalten. **Wirkung:** Bei Verschlucken: reizende Wirkung auf die Schleimhaut des Magens und Darms. **Vergiftungserscheinungen:** Nach Verschlucken größerer Mengen Erbrechen, Durchfall. **Erste Hilfe:** Siehe Gemeine Akelei. Ähnlich in ihrer Wirkung sind auch das meist hellblau blühende Leberblümchen *(Hepatica nobilis)* und die violett blühende, auf Kalkböden verbreitet vorkommende Gewöhnliche Kuhschelle oder Küchenschelle *(Pulsatilla vulgaris)*. Beide Arten sind geschützt.

schwach giftig Hoher Rittersporn

schwach giftig Gemeine Akelei

schwach giftig Buschwindröschen

Scharfer Hahnenfuß

Ranunculus acris

Hahnenfußgewächse, Ranunculaceae. **Merkmale:** Vom Mai bis September blühende, 30–70 cm hohe Pflanze mit stark handförmig geteilten Blättern und glänzend gelben Blüten. **Vorkommen:** Europa. Sehr häufig auf Wiesen; sowohl in der Ebene als auch im Gebirge. **Gift:** In allen Pflanzenteilen, auch in der Wurzel, sind Saponine, Protoanemonin und Anemonin enthalten. **Vergiftungserscheinungen:** Haut- und Schleimhautreizung; nach Verschlucken Magen-Darm-Reizung, Nierenschäden möglich. **Erste Hilfe:** Bei Beschwerden zum Arzt. **Therapie:** Hautreizende Wirkung beachten und gegebenenfalls behandeln. Nach Einnahme größerer Mengen primäre Giftentfernung, Kohlegabe, symptomatische Therapie. Ähnlich in Inhaltsstoffen und Wirkung sind auch folgende gelbblühende Hahnenfußgewächse: Knolliger Hahnenfuß *(R. bulbosus)*, Gift-Hahnenfuß *(R. sceleratus)*, Brennender Hahnenfuß *(R. flammula)*, Wolliger Hahnenfuß *(R. lanuginosus)* und Wald-Hahnenfuß *(R. silvaticus)*.

Winterling

Eranthis hyemalis

Hahnenfußgewächse, Ranunculaceae. **Merkmale:** Frühjahrsblüher mit gelben, einzelnen Blüten, die von 3 handförmig geteilten quirlständigen Herzblättern umgeben sind. Die ausdauernde Pflanze mit einem knollenartigen Wurzelstock wird 5–25 cm hoch. **Vorkommen:** Oft als Zierpflanze in Gärten zu finden, teilweise auch verwildert. **Gift:** Alle Pflanzenteile, besonders aber die Knolle, sind giftig. Sie enthalten herzwirksame Glykoside. **Vergiftungserscheinungen:** Übelkeit, Erbrechen, Koliken, verlangsamter Puls. **Erste Hilfe:** Bei Auftreten der Vergiftungserscheinungen Auskunft über Giftnotruf einholen.

Klatschmohn

Papaver rhoeas

Mohngewächse, Papaveraceae. **Merkmale:** Bis über 50 cm hoch, borstig behaarter Stängel, große, scharlachrote Blüten. Die Frucht ist eine verkehrt-eiförmige Kapsel. **Vorkommen:** Europa, westliches Asien, Nordafrika; an Wegrändern, auf Ödland, in Getreidefeldern. **Gift:** In der ganzen Pflanze, besonders aber im Milchsaft, sind zahlreiche Alkaloide enthalten. Bei Einnahmen größerer Mengen sind leichte Symptome zu erwarten. **Vergiftungserscheinungen:** Bei oraler Aufnahme Erbrechen, Bauchschmerzen und Durchfall. Auch bei Rindern, Pferden und Schweinen kann es zu Vergiftungen kommen. **Erste Hilfe:** Im Zweifelsfalle Auskunft über Giftnotruf einholen.

giftig Scharfer Hahnenfuß

schwach giftig Winterling

schwach giftig Klatschmohn

Schlafmohn

Papaver somniferum

Mohngewächse, Papaveraceae. **Merkmale:** Von Juni bis August blühendes Kraut, das 40–150 cm groß wird. Am aufrechten Stängel sitzen die länglich-eiförmigen Blätter mit buchtig gezähnten Blatträndern; ihre Unterseite ist blaugrün bereift. Die großen Blüten sind weiß bis lilafarben, mit einem dunklen Fleck am Grund der Blütenblätter. Endständig sitzt auf dem behaarten Stiel die Frucht, eine bis 5 cm lange und 4 cm breite, kugelige Kapsel, die vielkammerig wächst und zahlreiche kleine Mohnsamen enthält. **Vorkommen:** Mittelmeergebiet, Südeuropa. Als Ölpflanze angebaut, kommt der Mohn im ganzen europäischen Raum vor. Auch in Gärten als Zierpflanze verbreitet. **Gift:** In allen Milchsaft führenden Organen sind die Alkaloide Morphin, Codein, Thebain, Papaverin und Narcotin enthalten. Im reifen Mohnsamen sind nur noch 0,01 % Alkaloide nachweisbar. Aus dem weißen Milchsaft wird Opium gewonnen. Vergiftungen durch Aufnahme frischer Pflanzenteile sind nicht bekannt. Früher kamen Vergiftungsfälle durch Schlafmohn häufig vor, da man Kleinkindern Abkochungen von unreifen Mohnköpfen als Schlaftee verabreichte. **Wirkung:** Morphin: zentral schmerzstillend; beruhigend auf Atem- und Herzzentrum; Herabsetzung der Drüsensekretion; Beruhigung und Euphorie. Periphere Wirkung, vor allem Beeinflussung der glattmuskulären Organe (steigert den Tonus der glatten Muskulatur). Codein: hustenstillende Wirkung. Thebain: Krampfgift. Papaverin: periphere, erschlaffende Wirkung auf die glatte Muskulatur (krampflösende Wirkung im Gebiet des Magen-Darm-Trakts). Narcotin: Verstärkt die zentral-narkotische Morphinwirkung auf das Großhirn; erregend auf die Atmung, peripher erschlaffend auf die glatte Muskulatur. **Vergiftungserscheinungen:** Schon etwa eine ½–1 Stunde nach Einnahme des Giftes kommt es zu Schwere im Kopf, Schwindelgefühl, Erbrechen, zunehmender Benommenheit und allgemeiner Erschlaffung, Schlaf und tiefer Bewusstlosigkeit sowie ständig zunehmender Atemschädigung. Charakteristische Hauptsymptome der akuten Vergiftung: schwere Atemschädigung und hochgradige Pupillenverengung. Weitere Vergiftungserscheinungen: zunächst starke Verlangsamung, später Beschleunigung und Abschwächung der Herztätigkeit, Absinken der Körpertemperatur, Harn- und Stuhlverhalt. Nach oraler Einnahme des Giftes tritt der Tod oft erst nach vielen Stunden durch zentrale Atemlähmung ein. **Erste Hilfe:** Bei Beschwerden zum Arzt. **Therapie:** Nur nach Einnahme größerer Mengen primäre Giftentfernung, Kohlegabe, sonst symptomatisch.

stark giftig Schlafmohn

Schöllkraut

Chelidonium majus

Mohngewächse, Papaveraceae. **Merkmale:** Bis 70 cm hoch wird das Schöll-, Schell- oder Warzenkraut. Der aufrechte, innen hohle Stängel dieser Staude ist an den Knoten verdickt und abstehend behaart. Bei Abreißen von Blättern oder Stängeln tritt aus den Bruchstellen ein gelber bis orangefarbener Saft. Die Blätter sind grün bis grüngrau mit hellerer Unterseite, mit rundlichen, buchtig gekerbten bis eingeschnittenen Fiederblättern und zerstreuter Behaarung. Gelbe, etwa 2 cm große Blüten in wenig blütigen Dolden von Mai bis Oktober. Die bis 5 cm langen Früchte, schotenähnliche Kapseln, beinhalten die eiförmigen, schwarzen Samen. **Vorkommen:** Ganz Europa. Überall häufig an Gemäuern, Zäunen, Gebüschen, auf Schutt und auch in Laubwäldern. **Gift:** Alle Pflanzenteile sind giftig und enthalten 10 verschiedene Alkaloide, darunter Chelerythrin, Chelidonin, Spartein, Chelidoxanthin und Sanguinarin. Vergiftungen sind sehr selten, aber möglich. **Wirkung:** Zentral schwach beruhigend, krampflösende Wirkung auf Bronchien und Darm, Anregung der Herztätigkeit, Erhöhung des Blutdrucks, Erweiterung der Koronargefäße. **Vergiftungserscheinungen:** Bei äußerlicher Einwirkung können sich auf der Haut Blasen und Geschwüre bilden. Innerlich kann eine heftige Reizwirkung auf den gesamten Verdauungskanal auftreten (Erbrechen, blutige Durchfälle), Harndrang, Schwindel, Benommenheit, Kreislaufstörungen. **Erste Hilfe:** Wegen der im Allgemeinen geringen Menge aufgenommener Pflanzenteile kaum notwendig, bei größeren Mengen zum Arzt. **Therapie:** Nach Einnahme von größeren Mengen Erbrechen auslösen oder Magenspülung, Kohlegabe, Abführmittel, sonst symptomatisch.

Kornrade

Agrostemma githago

Nelkengewächse, Caryophyllaceae. **Merkmale:** Mit einem einfachen oder wenig verzweigten Stängel, der weißfilzig behaart ist, kann die Pflanze eine Höhe von 1 m erreichen. Die linealischen Blätter sind paarweise angeordnet. Von Juni bis Juli stehen die violetten, selten weißen Blüten an langen Stängeln. Die Frucht ist eine 5-eckige Kapsel. **Vorkommen:** War ursprünglich in Getreidefeldern weit verbreitet. Durch moderne Getreidereinigung selten geworden. **Gift:** In den Samen Githagenin. **Wirkung:** Starke Reizwirkung auf den Magen-Darm-Trakt. **Vergiftungserscheinungen:** Vergiftungen extrem selten, Magenschmerzen, Erbrechen, Durchfall, Benommenheit. **Erste Hilfe:** Im Zweifelsfalle Auskunft über Giftnotruf einholen.

giftig Schöllkraut

giftig Kornrade

Amerikanische Kermesbeere

Phytolacca americana

Kermesbeerengewächse, Phytolaccaceae. **Merkmale:** Bis 3 m hohe Pflanze mit eiförmigen, elliptischen Blättern. Die weißen Blüten und die dunkelroten bis schwarzen Früchte (kugelige Beeren) hängen in Trauben, sie sind im gekochten Zustand ungiftig und werden von Kindern mit Brombeeren verwechselt. **Vorkommen:** Nordamerika, bei uns in Gärten, teilweise verwildert. **Gift:** Die ganze Pflanze, vorwiegend aber die Beeren, ist schwach giftig. Beschwerden sind erst bei Aufnahme größerer Mengen zu erwarten. **Vergiftungserscheinungen:** Es können Magenbeschwerden, Erbrechen und Durchfall auftreten. **Erste Hilfe:** Nicht erforderlich, im Zweifelsfalle Auskunft über Giftnotruf einholen.

Scharfer Mauerpfeffer

Sedum acre

Dickblattgewächse, Crassulaceae. **Merkmale:** Mit kriechenden oder bogig aufsteigenden Sprossen erreicht der mehrjährige Mauerpfeffer eine Höhe von 5–15 cm. Seine am Grunde abgerundeten Blätter sind dick und eiförmig. Von Juni bis Juli bilden die sternförmigen Blüten leuchtend gelbe Polster. **Vorkommen:** Verbreitet in Europa auf sandigen Feldern, auf Mauern, auf Felsen und trockenen Abhängen. **Gift:** Das Alkaloid Sedamin, Gerbstoff und nicht näher identifizierte lokal reizende Stoffe. **Wirkung:** Reizwirkung auf die Schleimhäute. Sedamin wirkt sedierend. **Vergiftungserscheinungen:** Das Kauen von frischen Blättern verursacht eine starke Reizung im Mund mit Erbrechen. Nach der Einnahme größerer Mengen sind Erregungszustände mit Krampfanfällen möglich. Bei Hautkontakt entstehen Entzündungen. **Erste Hilfe:** Bei Beschwerden zum Arzt. **Therapie:** Symptomatische Maßnahmen, gegebenenfalls stationäre Überwachung.

schwach giftig Amerikanische Kermesbeere

giftig Scharfer Mauerpfeffer

Zypressen-Wolfsmilch

Euphorbia cyparissias

Wolfsmilchgewächse, Euphorbiaceae. **Merkmale:** Eine gelblichgrüne Pflanze, die etwa 15–30 cm groß wird. An einem aufrechten, wenig ästeligen Stängel sitzen wechselständig die sehr schmalen Blätter (Ähnlichkeit mit dem Sämling einer Zypresse). **Vorkommen:** Europa. Verbreitet in lichten Wäldern, gern bei Kiefern, aber auch auf trockenem Heide- und Grasland. **Gift:** Euphorbon ist, außer in den Samen, auch in der aus Bruch- und Abrissstellen der Pflanze austretenden milchigen Flüssigkeit vorhanden. **Wirkung:** Starke örtliche Reizwirkung auf Haut und Schleimhäute mit Gewebszerstörung. Besonders gefährlich sind Augenverletzungen. Vergiftungen kamen öfter vor infolge Anwendung von Euphorbia-Arten als Abführmittel, Harntreibungsmittel oder Blutreinigungsmittel. In botanischen Gärten sind gewerbliche Vergiftungen möglich (bei Gartenarbeiten: an den unbekleideten Hautstellen). **Vergiftungserscheinungen:** Auf der Haut kann der frische Milchsaft zu heftiger Entzündung mit Blasenbildung und Geschwürbildung führen. Verspritzen des Milchsaftes in das Auge verursacht stärkste Bindehautentzündung. Innerlich erzeugt der milchige Saft Rötung und Brennen im Mund und in der Speiseröhre; Brechreiz, Erbrechen, Magenschmerzen, heftige Durchfälle. Resorptive Vergiftung: weite Pupillen, Schwindel, Delirien; auch Krämpfe, Kreislaufschädigung mit Kollaps sind beschrieben. **Erste Hilfe:** Nach Kontakt mit der Pflanze gründliche Hautreinigung. Bei Verspritzen des Saftes in das Auge sofortige Spülung mit Wasser; Augenarzt oder Augenklinik aufsuchen. Bei oraler Aufnahme ist kaum Erste Hilfe erforderlich, da wegen des unmittelbar nach der ersten »Probe« einsetzenden Brennens im Mund- und Rachenraum auf ein weiteres Essen der Pflanzenteile verzichtet wird. Wenn trotzdem größere Mengen aufgenommen werden, sollte ein Krankenhaus aufgesucht werden. **Therapie:** Bei Verschlucken Kohlegabe, stationäre Überwachung und symptomatische Therapie bei Kreislaufbeschwerden. Wenn Augen betroffen sind, ist eine augenärztliche Behandlung erforderlich.

Alle Wolfsmilcharten sind giftig; ähnlich in Gift und Wirkung sind: Kleine Wolfsmilch *(E. exigua)*, Kreuzblättrige Wolfsmilch *(E. lathyris)*, Mandelblättrige Wolfsmilch *(E. peplus)*, Sonnen-Wolfsmilch *(E. helioscopia)*, Süße Wolfsmilch *(E. dulcis)* sowie die Sumpf-Wolfsmilch *(E. palustris)*.

stark giftig Zypressen-Wolfsmilch

Christuspalme

Ricinus communis

Wolfsmilchgewächse, Euphorbiaceae. **Merkmale:** Die als Staude wachsende, auch als Wunderbaum oder Rizinus bekannte Pflanze wird etwa 1–2 m hoch. Der dicke Stängel ist braunrot, buschig, mit großen, langstieligen, handförmig-lappigen Blättern. Im Sommer zeigen sich rötliche, in Traubenform sitzende Blüten. Die Früchte sind etwa kirschgroße, kugelige Kapseln. Jede Kapsel enthält 3 Fächer, pro Fach 1 bohnenartigen, ovalen, bis 12 mm langen, graubraun marmorierten, glänzenden Samen. **Vorkommen:** In Europa fast nur im Süden. Bei uns meist als Topfpflanze, gelegentlich auch in Anlagen. **Gift:** In den Samen stark giftiges Ricin. **Wirkung:** Gewebezerstörend; die Einnahme von Ricinussamen kann schwere Vergiftungen hervorrufen. **Vergiftungserscheinungen:** Beschwerden können erst nach einer Latenzzeit von mehreren Stunden beginnen mit Übelkeit, Erbrechen, wässrigen Durchfällen, Benommenheit, Nieren- und Leberschäden. **Erste Hilfe:** Sofortiger Transport in ein Krankenhaus. **Therapie:** Rechtzeitige Giftentfernung, stationäre Überwachung, gegebenenfalls intensivmedizinische Maßnahmen.

Goldlack

Erysimum cheiri

Kreuzblütler, Brassicaceae. **Merkmale:** Die 2-jährige Pflanze kann über 50 cm hoch werden und hat schmale, lanzettliche Blätter, die ganzrandig und behaart sind. Die über 2 cm großen Blüten sind bei den Wildpflanzen gelb, bei Gartenformen gelbbraun bis violett, duften stark und bilden dichte endständige Trauben. Der Fruchtknoten wächst zu einer bis 8 cm großen Schote aus, die viele ca. 3 mm große Samen enthält. **Vorkommen:** Im Mittelmeergebiet beheimatet. Gartenpflanze in ganz Europa; teilweise verwildert auf steinigen nährstoffreichen Böden, Mauerfugen, Schuttplätzen. **Gift:** Digitalisartig wirkende Glykoside. **Wirkung:** Auf die Herzmuskulatur. **Vergiftungserscheinungen:** Beim Menschen keine Vergiftungen bekannt. Zu erwarten wären Störungen der Herzwirkung und Kreislaufsymptome. **Erste Hilfe:** Keine. Im Zweifelsfalle Auskunft über Giftnotruf einholen.

stark giftig Christuspalme

schwach giftig Goldlack

Vielblättrige Lupine

Lupinus polyphyllus

Schmetterlingsblütler, Fabaceae. **Merkmale:** Von Juni bis August blühende, mehrjährige Pflanze, die bis 1,5 m hoch wird. Die Blätter sind 10–15-zählig gefingert, die lanzettlichen Teilblättchen sind unterseits seidig behaart. 50–80 leuchtend blaue Blüten sind in übereinanderstehenden Quirlen angeordnet. **Vorkommen:** Aus Nordamerika stammende, eingebürgerte Staude, die in Wäldern und an Böschungen verwildert ist und als Zierpflanze häufig in Gärten angepflanzt wird. **Gift:** Im Samen 1–1,5 % Alkaloide: Lupinidin (= Spartein), Lupinin; Glykosid: Lupinid. **Wirkung:** Je nach Dosis hat Lupinidin eine erregende oder lähmende Wirkung auf das Zentralnervensystem; auf das vegetative Nervensystem übt es eine nikotinartige periphere Wirkung aus. Bei Kindern sind Vergiftungen durch Lupinensamen vorgekommen. **Vergiftungserscheinungen:** Bald nach dem Verzehr der Samen stellen sich Speichelfluss, Übelkeit und Erbrechen ein, Schluckbeschwerden, verlangsamte Herzfrequenz, Rhythmusstörungen. In schweren Fällen an den Beinen beginnende, allmählich aufsteigende Lähmung (selten Krämpfe) bis zur tödlichen Atemlähmung bei vollem Bewusstsein. **Erste Hilfe:** Gegebenenfalls zum Arzt. **Therapie:** Nach Einnahme größerer Mengen Samen primäre Giftentfernung, Kohlegabe, stationäre Überwachung.

Gelbe Lupine

Lupinus luteus

Schmetterlingsblütler, Fabaceae. **Merkmale:** Im Sommer blühende, 30–60 cm groß werdende einjährige Pflanze. Die lang gestielten Blätter sind 5–9-zählig gefingert. In übereinanderstehenden Quirlen angeordnet sind die dottergelben, wohlriechenden Blüten. Die Frucht ist eine bis 6 cm lang und 1 cm breit werdende, knotige, dicht behaarte Hülse, die 4–7 gelblich- oder rötlichweiße, dunkel marmorierte Samen enthält. **Vorkommen:** Ursprünglich aus Südeuropa kommend, in Deutschland angebaut oder verwildert. Zierpflanze. **Gift** bis **Therapie:** Siehe Vielblättrige Lupine.

Ähnlich ist die Blaue Lupine *(L. angustifolius)*; diese einjährige Pflanze wird 1 m hoch und trägt hellblaue Blüten. **Gift** bis **Therapie:** Siehe Vielblättrige Lupine.

stark giftig Vielblättrige Lupine

stark giftig Lupine, Hülsenfrüchte

stark giftig Gelbe Lupine

Bunte Kronwicke

Coronilla varia

Schmetterlingsblütler, Fabaceae. **Merkmale:** Die auch Giftwicke genannte mehrjährige Pflanze hat lange, nieder liegende Stängel und ungleich gefiederte Blätter, mit elliptischen, stachelspitzigen Einzelblättern. Die weißen Blüten haben eine rotviolette Fahne und einen weißen, an der Spitze fast schwarzen Kiel (Schiffchen). **Vorkommen:** Süd- und Mitteleuropa. Auf Halbtrockenrasen verbreitet. **Gift:** Das Glykosid Coronillin. **Wirkung:** Schleimhautreizend im Magen und Darm. **Vergiftungserscheinungen:** Übelkeit, Erbrechen, Durchfall. **Erste Hilfe:** Auskunft über Giftnotruf einholen.

Feuerbohne

Phaseolus coccineus

Schmetterlingsblütler, Fabaceae. **Merkmale:** Die Feuerbohne ist ein 2–4 m hohes, kletterndes Kraut mit windendem Stängel. Die langstieligen Blätter sind aus 3 eiförmigen, ganzrandigen Einzelblättchen zusammengesetzt. Von Juni bis September blühend und fruchtend, zeigt die Feuerbohne lang gestielte, zu mehreren (6–9) stehende feuerrote Blüten. Ebenfalls zu mehreren hängen dann die reifen Hülsen (Schoten), die sich rau anfassen, zunächst grün, später bräunlich sind und 3–5 Samen (glatte Bohnen, schwarzbraun gefleckt) beinhalten. **Vorkommen:** Europa; angebaut. **Gift:** Phasin und Phaseolunatin. Als giftige Pflanzenteile sind ausschließlich die Bohnen bekannt. **Wirkung:** Den Magen-Darm-Trakt reizend. **Vergiftungserscheinungen:** Etwa ½–1 Stunde nach Aufnahme kommt es zu Erbrechen, Durchfällen mit Darmkrämpfen und Darmschleimhautentzündung, Kollaps; weite Pupillen. **Erste Hilfe:** Nach Verzehr mehrerer roher Bohnen stationäre Einweisung.

Gartenbohne

Phaseolus vulgaris

Schmetterlingsblütler, Fabaceae. **Merkmale:** Ein kletterndes Kraut, das mit linkswindendem Stängel bis etwa 4 m lang wird. Blätter aus 3 eiförmigen, ganzrandigen Einzelblättern zusammengesetzt. Die Gartenbohne blüht und reift von Juni bis September; zu mehreren (6–9) stehen ihre weißen bis gelblichweißen Blüten. Die glatten Hülsen (Schoten) sind abgeflacht, gerade bis gebogen und grün, bei Reife gelblich. In einer Schote sind 2–8 weiße Samen (Bohnen), die bis zu 1,5 cm breit und 2,5 cm lang werden. **Vorkommen:** Europa kultiviert. **Gift:** Phasin und Phaseolunatin; gekocht sind sie völlig unschädlich. **Wirkung:** Siehe Feuerbohne.

giftig Bunte Kronwicke

giftig Feuerbohne

giftig Gartenbohne

Rotbeerige Zaunrübe

Bryonia dioica

Kürbisgewächse, Cucurbitaceae. **Merkmale:** Eine mit Sprossranken kletternde, ausdauernde Pflanze, die bis 3 m lang wird. Die matten, hellgrünen, fünflappigen Blätter ähneln denen des Efeus. Die grünlichweißen Blüten sind in losen Dolden angeordnet. Die Früchte sind giftige, etwa erbsengroße, rote Beeren. **Vorkommen:** Mittel- und Südeuropa; in Deutschland im Süden und Westen relativ häufig. An Hecken, Gebüschen und Waldrändern. **Gift:** Bryonin und Bryonidin sind in den Beeren und im Wurzelsaft enthalten, außerdem noch Saponin im Samen und der Farbstoff Lycopin in der Frucht. **Wirkung:** Abführend; das Glykosid Bryonin wirkt örtlich stark reizend und führt resorptiv (in höheren Dosen) zu zentraler Lähmung. **Vergiftungserscheinungen:** Äußerlich: Hautrötung, dann schmerzhafte Entzündung mit Blasenbildung, unter Umständen auch Zerstörung der betroffenen Hautstellen mit Nekrosen und geschwürigen Veränderungen. Bei oraler Aufnahme kommt es zu Übelkeit, Erbrechen, heftigen Koliken und starken dünnflüssigen, teilweise sogar blutigen Durchfällen, ferner zu Nierenreizungen, bei Schwangeren auch zum Abort. Resorptiv: Erregungszustände, Schwindel; nach tödlichen Dosen zentrale Lähmung und Tod durch Atemlähmung. **Erste Hilfe:** Bei Einnahme mehrerer Beeren frühzeitig zum Arzt. **Therapie:** Primäre Giftentfernung, Kohlegabe, stationäre Überwachung und symptomatische Therapie.

Schwarzbeerige Zaunrübe

Bryonia alba

Kürbisgewächse, Cucurbitaceae. **Merkmale:** Der Rotbeerigen Zaunrübe ähnelnde, ausdauernde, mit Sprossranken kletternde Pflanze mit in doldenähnlichen Büscheln wachsenden, grünlichweißen Blüten. Die Früchte sind runde, etwa erbsengroße, giftige, schwarze Beeren. **Vorkommen:** Mittel- und Südeuropa. An Hecken, Zäunen, Gebüschen und Waldrändern; selten. **Gift:** In den Beeren und im Wurzelsaft sind die Glykoside Bryonin und Bryonidin enthalten, außerdem in den Beeren der Farbstoff Lycopin und im Samen Saponin. **Wirkung** bis **Therapie:** Siehe Rotbeerige Zaunrübe.

giftig Rotbeerige Zaunrübe

giftig Rotbeerige Zaunrübe, Früchte

giftig Schwarzbeerige Zaunrübe, Früchte

Tollkirsche

Atropa belladonna

Nachtschattengewächse, Solanaceae. **Merkmale:** Die Tollkirsche, auch Teufelskirsche, Schwindelkirsche oder Waldnachtschatten, ist eine strauchig erscheinende Staude mit holzigem, aufrechtem Stängel, von dessen Ende sich die Blattstiele schirmartig ausbreiten. Diese 50–150 cm große Giftpflanze trägt dunkelviolette, glockige Blüten sowie etwa kirschgroße, glänzend schwarze Beeren. Während des Sommers trägt die Staude gleichzeitig Blüten, unreife (grüne) und reife Früchte. **Vorkommen:** Ganz Europa, im Norden selten. In lichten Wäldern. **Gift:** In allen Teilen der Pflanze sind L-Hyoscyamin und Atropin enthalten. Vergiftungen kommen durch den Verzehr der süßlich schmeckenden Beeren vor. **Wirkung:** Periphere parasympatholytische Wirkung, bei größeren Mengen auch zentral erregende Wirkung. **Vergiftungserscheinungen:** Trockene, warme, gerötete Haut, Mundtrockenheit, weite Pupillen, beschleunigter Puls, später Herzrhythmusstörungen möglich, motorische Unruhe, Somnolenz, Halluzinationen, Angstzustände, Krampfanfälle, Harnverhalt. Die vier Hauptsymptome sind:

1. Rötung des Gesichtes,
2. Trockenheit der Schleimhäute,
3. Pulsbeschleunigung,
4. Erweiterung der Pupillen.

Erste Hilfe: Immer beim Arzt vorstellen. **Therapie:** Primäre Giftentfernung, Kohlegabe. Bei zentralnervöser Symptomatik Physostigmin (Anticholium®); bei Krampfanfällen Benzodiazepine; gegebenenfalls intensivmedizinische Überwachung.

Krainer Tollkraut

Scopolia carniolica

Nachtschattengewächse, Solanaceae. **Merkmale:** Das Krainer Tollkraut, auch Tollrübe oder Glockenbilsenkraut, wächst mit aufrechtem Stängel 30 bis 60 cm hoch. Die Form der ganzrandigen Blätter ist verkehrt-eiförmig. Die einzeln wachsenden Blüten sind glockenförmig, außen rötlichbraun, innen olivfarben. Die Frucht ist eine bis 1 cm große Kapsel. **Vorkommen:** Mitteleuropa, Ost- und Südosteuropa. In Laubwäldern auf trockenen bis feuchten Böden. **Gift:** Die gesamte Pflanze, vor allem aber die Wurzel, ist stark giftig. Sie enthält mehrere Alkaloide u. a. L-Hyoscyamin und Atropin. **Vergiftungserscheinungen:** Warme, trockene Haut, weite Pupillen, beschleunigter Puls, motorische Unruhe, Angstzustände, Krampfanfälle. **Erste Hilfe:** Unbedingt zum Arzt oder in die Klinik. **Therapie:** Primäre Giftentfernung, Kohlegabe, Physostigmin (Anticholium®), gegebenenfalls intensivmedizinische Überwachung.

stark giftig Tollkirsche

stark giftig Tollkirsche

stark giftig Krainer Tollkraut

Schwarzes Bilsenkraut

Hyoscyamus niger

Nachtschattengewächse, Solanaceae. **Merkmale:** Mit einer rübenförmigen Wurzel wächst das ein- oder zweijährige Bilsenkraut mit einem aufrechten, bis oben beblätterten Stängel zu einer Höhe von ca. 40–80 cm; selten werden Größen von über 1 m erreicht. Die meist grundständigen, gestielten, graugrünen Blätter sind eiförmig bis länglich und buchtig gezähnt und, wie auch der Pflanzenstängel, klebrig-zottig behaart. Die Blütezeit der Pflanze dauert etwa vom Juni bis zum Spätherbst. Die schmutziggelben Blüten mit ihrem glockigen 5-spaltigen Kelch und der trichterförmigen, 5-lappigen Krone sind von violetten Adern durchzogen und an der Basis meist purpurn gefärbt. Sie bilden einseitswendige, dicht am Stängel sitzende ährenförmige Blütenstände. Bis zu 200 Samen sind in einer Frucht, einer 2-fächerigen Kapsel, enthalten. Die ganze Pflanze strömt einen unangenehmen Geruch aus. **Vorkommen:** Vom Mittelmeergebiet aus nach Mitteleuropa verbreitet; selten. An Weg- und Straßenrändern, an Hängen und auf Brachland und Schutthalden. **Gift:** In allen Pflanzenteilen, besonders aber in der Wurzel, sind Hyoscamin, Atropin und auch Scopolamin enthalten. Vergiftungen selten; meist durch Verwechslung der Wurzel mit der Garten-Schwarzwurzel oder der Samen mit Mohnsamen. **Wirkung:** Periphere parasympatholytische Wirkung; bei größeren Mengen erregende und lähmende Wirkung auf das Zentralnervensystem. **Vergiftungserscheinungen:** Warme, trockene Haut, weite Pupillen, Mundtrockenheit, Unruhe, Halluzinationen, beschleunigter Herzschlag bis Herzrhythmusstörungen; bei schweren Vergiftungen Krampfanfälle möglich. **Erste Hilfe:** Immer beim Arzt vorstellen. **Therapie:** Primäre Giftentfernung, Kohlegabe. Bei zentralnervöser Symptomatik Physostigmin (Anticholium®); bei Krampfanfällen Benzodiazepine; gegebenenfalls intensivmedizinische Überwachung.

stark giftig Schwarzes Bilsenkraut

Bittersüßer Nachtschatten

Solanum dulcamara

Nachtschattengewächse, Solanaceae. **Merkmale:** Der Bittersüße Nachtschatten, den man auch Waldnachtschatten oder Bittersüß nennt, ist ein Halbstrauch mit einem unten verholzenden, oben meist krautigen Stängel, der entweder niederliegend oder rechts- bzw. linksrankend in die Höhe wächst, wobei die Triebe bis etwa 1,5 m lang werden können. Die gestielten Blätter sind spitzoval und haben am Grund nicht selten 1- oder 2-buchtig abgetrennte Seitenblättchen. In rispenartiger Anordnung stehen die violetten Blüten. Zu mehreren, in langstieligen Rispen, hängen die Früchte – etwa erbsengroße, eiförmige, glänzend rote Beeren, die anfangs bitter, dann süßlich schmecken. Diese Pflanze blüht und fruchtet etwa von Juni bis August, das heißt, dass man an einem Strauch zugleich Blüten, unreife (grüne), halbreife und vollreife Früchte finden kann. **Vorkommen:** Gesamteuropa. In feuchten Wäldern und Gebüschen, an Ufern, auf nährstoffreichen Böden von der Ebene bis in mittlere Gebirgslagen. **Gift:** In den Beeren, vermutlich auch in den Blättern, sind Saponine und Solanin enthalten. **Wirkung:** Saponin wirkt lokalreizend, nach Resorption größerer Mengen Auflösung roter Blutkörperchen (Hämolyse) möglich. Solanin hat erregende, später lähmende Wirkung auf das Zentralnervensystem. **Vergiftungserscheinungen:** Kratzen in Mund und Rachen, Übelkeit, Erbrechen, Durchfall, erhöhter Pulsschlag, Schwindel, weite Pupillen, Erregung mit Angstzuständen bis zu Krampfanfällen. **Erste Hilfe:** Bei Einnahme größerer Mengen an Früchten zum Arzt. **Therapie:** Gabe von Kohle und Laxans, stationäre Überwachung und symptomatische Therapie, gegebenenfalls primäre Giftentfernung.

Schwarzer Nachtschatten

Solanum nigrum

Nachtschattengewächse, Solanaceae. **Merkmale:** Der als einjährige Staude wachsende Schwarze Nachtschatten wird kaum höher als 60 cm und bildet aufrechte, verzweigte, krautige Stängel. Die eiförmig zugespitzten Blätter sind ganzrandig oder gezähnt. Sternförmige, fünfzählige weiße Blüten hängen kurz gestielt in seitenständiger Trugdolde. Die kugeligen, etwa erbsengroßen schwarzen Früchte reifen von August bis in den Oktober; sie sind saftig und schmecken schleimig-scharf, säuerlich. Bei völliger Reife sind sie meist schwarz, selten gelblichgrün oder rot. **Vorkommen:** In ganz Mitteleuropa verbreitet. Auf Äckern, Gärten, Schuttplätzen, an Wegrändern, Zäunen und Hecken. **Gift** bis **Therapie:** Siehe Bittersüßer Nachtschatten.

stark giftig Bittersüßer Nachtschatten

stark giftig Bittersüßer N., Früchte

stark giftig Schwarzer Nachtschatten

Virginischer Tabak

Nicotiana tabacum

Nachtschattengewächse, Solanaceae. **Merkmale:** Der Tabak ist eine bis etwa 2 m hohe Pflanze mit aufrechtem, wenig verzweigtem Stängel. Die Blätter stehen wechselständig; während die unteren breit-elliptisch sind und am Stängel herablaufen, wachsen die oberen Blätter schmäler, meist sitzend. Etwa von Juni bis September blüht der Tabak mit rötlichen, selten weißen, trompetenförmigen Blüten, die in endständigen Rispen stehen. **Vorkommen:** Mittelamerika. Im 16. Jahrhundert von Seeleuten nach Europa gebracht und jetzt fast auf der ganzen Welt in industriellem Ausmaß kultiviert. **Gift:** In allen Teilen der Pflanze, mit Ausnahme der reifen Samen, ist Nikotin enthalten. **Wirkung:** Zuerst erregende, dann lähmende Wirkung auf das sympathische Nervensystem. **Vergiftungserscheinungen:** Übelkeit, Speichelfluss, Erbrechen, Durchfall, Unruhe, Zittrigkeit. Bei schweren Vergiftungen Blutdruckabfall, schneller Herzschlag, kalter Schweiß, Muskelzuckungen, Krampfanfälle, Atem- und Herzlähmung. **Erste Hilfe:** Bei Einnahme von Pflanzenteilen und vor allem Tabakerzeugnissen (Zigaretten, Zigarren) beim Arzt vorstellen. **Therapie:** Gabe von Kohle und Laxans. Bei Krämpfen Benzodiazepine, intensivmedizinische Überwachung; gegebenenfalls primäre Giftentfernung.

Kartoffel

Solanum tuberosum

Nachtschattengewächse, Solanaceae. **Merkmale:** Die Kartoffel wächst als 40–70 cm groß werdende Staude mit aufrechtem, verästeltem Stängel. Die großen, unterseits behaarten Blätter sind unterbrochen gefiedert. In Trugdolden stehen die weißen bis violetten Blüten. Die reifen Früchte sind grüne, etwa kirschgroße, kugelige Beeren; genießbar sind jedoch nicht die Früchte, sondern die im Erdreich sich entwickelnden Knollen, die je nach Art vom Frühsommer bis zum Herbst reifen. **Vorkommen:** Ursprünglich in Südamerika beheimatet, wurde die Kartoffel im 16. Jahrhundert in Europa eingeführt. **Gift:** In den Blüten, den grünen Beerenfrüchten und in unreif geernteten Kartoffeln, aber auch in den Keimen und Augen auskeimender Kartoffeln ist als Hauptwirkstoff Solanin enthalten. Im Presssaft von Kartoffeln sind auch, allerdings in sehr geringer Menge, Cholin und Acetylcholin nachgewiesen worden. **Wirkung:** Reizung der Verdauungswege, Auflösung der roten Blutkörperchen. **Vergiftungserscheinungen:** Trockenheit und Kratzen in Mund und Hals, Übelkeit, Erbrechen, Durchfälle, Benommenheit, evtl. Krampfanfälle; Nierenschäden durch Hämolyse möglich. **Erste Hilfe:** Bei Beschwerden zum Arzt. **Therapie:** Kohlegabe, symptomatische Maßnahmen.

stark giftig Virginischer Tabak

giftig Kartoffel

Stechapfel

Datura stramonium

Nachtschattengewächse, Solanaceae. **Merkmale:** Der Stechapfel, auch Tollkraut oder Asthmakraut genannt, ist eine kräftige, einjährige, 30–100 cm große, krautige Pflanze mit eiförmig-zugespitzten, ungleich buchtig gezähnten Blättern. Etwa von Juni bis September erscheinen die 10 cm langen, trompetenförmigen, weißen bis hellvioletten alleinstehenden Blüten. An den gabelästig verzweigten Stängeln sitzen dann, meist von August bis Oktober, die Früchte. Diese etwa haselnussgroßen Gebilde sind, ähnlich wie die Kastanie, zunächst grün und stachelig. Bei zunehmender Reife wird die Fruchthülle braun und springt vierklappig auf; sie enthält eine große Anzahl kleiner, nierenförmiger, dunkelbrauner Samenkerne. Die ganze Pflanze verbreitet einen unangenehmen Geruch. **Vorkommen:** Ursprünglich in Zentralamerika heimisch, wurde der Stechapfel im 16. Jahrhundert nach Europa eingeführt und kommt nun in Süd- und Mitteleuropa verwildert vor. Auf Ödland, an Waldrändern, auch auf Weinbergen, Dämmen und Schuttplätzen; liebt lockeren, stickstoffhaltigen Boden. Selten zu finden. **Gift:** In den Blättern und Samen der Pflanze Alkaloide: L-Hyoscyamin, Atropin, L-Scopolamin. Die Einnahme der Pflanzenteile als Drogenersatz kommt oft vor. **Wirkung:** Peripher lähmende Wirkung an cholinergen Nervenenden; auf das Zentralnervensystem erregend bis lähmend. **Vergiftungserscheinungen:** Ähnlich wie bei der Tollkirschenvergiftung: Warme, trockene und gerötete Haut, ausgeprägte Mundtrockenheit, weite Pupillen, beschleunigter Puls, auch Herzrhythmusstörungen möglich, motorische Unruhe bis zu deliranten Zuständen, Tobsucht; Somnolenz, Halluzinationen, Krampfanfälle; Harnverhalt. **Erste Hilfe:** Bei ausgeprägter Symptomatik mit dem Notarzt in die Klinik. **Therapie:** Kohlegabe. Bei zentralnervöser Symptomatik Physostigmin (Anticholium®). Bei Krampfanfällen Benzodiazepine; intensivmedizinische Überwachung; gegebenenfalls Giftentfernung.

stark giftig Stechapfel

giftig Stechapfel, aufgesprungene Frucht

Schwalbenwurz

Vinetoxicum hirundinaria

Immergrünwurzgewächse, Asclepiadaceae. **Merkmale:** Bis etwa 1 m hohe Pflanze mit aufrechtem rundem, dünnem Stängel. Blätter kreuzgegenständig, unterwärts herz-eiförmig, oberwärts länglich, lanzettlich. Blüten in blattachselständigen, gestielten Trugdolden. Die gelblichweißen Blüten mit trichterförmigen Blumenkronen sind 5-spaltig. Eine große kegelförmige Balgfrucht enthält zahlreichen schwarzbaunen Samen mit seidigem Haarschopf. **Vorkommen:** Europa (im Westen fehlend), Westasien. Verbreitet in trockenen, lichten Wäldern, Gebüschen, Felshängen, Schutt. **Gift:** In allen Pflanzenteilen Vincetoxin, Amyrin, Friedelin, Chlorogensäure; die höchste Konzentration ist im Stamm der Pflanze und in den Blättern enthalten. **Vergiftungserscheinungen:** Bei größeren Aufnahmemengen der schwach giftigen Pflanze können Speichelfluss, Erbrechen, Durchfall, Krämpfe und zentrale Erregung auftreten. **Erste Hilfe:** Kaum not-wendig, da meist nur geringe Mengen aufgenommen werden, im Zweifelsfall Auskunft über Giftnotruf einholen.

Purpur-Prunkwinde

Ipomoea purpurea

Windengewächse, Convolvulaceae. **Merkmale:** Die Purpur-Prunkwinde ist eine Kletterpflanze, die mit einem haarigen Stängel und herzförmigen Blättern eine Wuchshöhe von 3m erreichen kann. Ihre trompetenförmigen Blüten können violett, rosa, rot, auch weiß gefärbt sein. Die Früchte sind kugelförmige Kapseln mit meist 4 Samen. **Vorkommen:** Mexiko. Kultiviert in Gärten und auf Balkonen. **Gift:** Die sehr giftigen Samen wirken psychedelisch; ihre halluzinogenen Effekte sind aber schwächer als bei LSD. Sie finden wegen LSD-Derivat-haltiger Inhaltsstoffe als Rauschmittel Verwendung. **Wirkung:** Übelkeit, Erbrechen, optische Halluzinationen. **Erste Hilfe:** Transport in ein Krankenhaus. **Therapie:** In der Klinik bei anticholinerger Symptomatik Antidot Physostigmin (Anticholium®); sedieren mit Diazepam.

schwach giftig Schwalbenwurz

giftig Purpur-Prunkwinde

Roter Fingerhut

Digitalis purpurea

Rachenblütler, Scrophulariaceae. **Merkmale:** Von Juni bis August blüht der Rote Fingerhut, der eine Höhe von bis zu 160 cm erreichen kann. Die großen, filzigen Grundblätter sind eiförmig, gekerbt und langstielig; je höher die Blätter am Pflanzenstängel sitzen, desto kleiner, schmäler und kurzstieliger werden sie. Die zahlreichen, einseitswendig stehenden fingerhutähnlichen Blüten werden etwa 4–5 cm lang, sind außen glatt, rosa bis purpurfarben (selten weiß); innen behaart, mit dunkleren, weiß umrandeten Flecken. **Vorkommen:** Westeuropa. In lichten Wäldern, an buschigen Abhängen und auf Lichtungen und Kahlschlägen. Vielfach aus der Gartenpflanze kultiviert. **Gift:** In allen Pflanzenteilen, vor allem aber in den Blättern sind herzwirksame Glykoside (Digitalin, Digitoxin, Gitatoxin u. a.) und Saponine enthalten. **Wirkung:** Die Glykoside haben starke Wirkung auf den Herzmuskel und auf die Reizbildungszentren. Saponine wirken reizend auf die Schleimhaut des Magen-Darm-Trakts. **Vergiftungserscheinungen:** Das Kauen der Fingerhutblätter verursacht Entzündungen im Mund, Übelkeit, Erbrechen. Nach Einnahme größerer Mengen Symptome wie bei medikamentöser Digitalisvergiftung mit Sehstörungen, Verwirrtheit, ausgeprägten Herzrhythmusstörungen bis zum Herzstillstand. **Erste Hilfe:** Auf jeden Fall Vorstellung beim Arzt, gegebenenfalls Notarzttransport in die Klinik. **Therapie:** Primäre Giftentfernung mit wiederholter Gabe von Kohle und Abführmittel, intensivmedizinische Überwachung. Bei Herzrhythmusstörungen Digitalis-Antitoxin (Digitalis-Antidot BM), sonst symptomatische Therapie.

stark giftig Roter Fingerhut

Gelber Fingerhut

Digitalis lutea

Rachenblütler, Scrophulariaceae. **Merkmale:** Der von Juni bis August blühende Gelbe Fingerhut wird nur etwa 100 cm hoch. Die Blätter sind schmäler als beim Roten Fingerhut. Die weißlichen bis hellgelben Blüten sind ohne Flecken und werden nur 2–2,5 cm lang. **Vorkommen:** Europa; im Norden und Osten selten. In Laubwäldern, auch Bergwäldern, im Unterholz, an steinigen Hängen. **Gift** bis **Therapie:** Siehe Roter Fingerhut.
Ebenfalls herzwirksame Glykoside enthalten auch der Wollige Fingerhut (*D. lanata*, Blüten gelbbraun) und der geschützte Großblütige Fingerhut (*D. grandiflora*, Blüten gelb, innen braunnetzig).

Gnadenkraut

Gratiola officinalis

Rachenblütler, Scrophulariaceae. **Merkmale:** Die mehrjährige Pflanze wird etwa 40 cm hoch. Ihre kurzstieligen lanzettlichen, fein gesägten Blätter stehen sich paarweise gegenüber. Die aufeinanderfolgenden Blattpaare sind jeweils um 90 Grad versetzt. Aus den Blattachseln stehen die gestielten, gelblichweißen Blüten mit einem 5-zackigen Kelch. Als Frucht bildet sich eine tropfenförmige Kapsel. **Vorkommen:** In Europa und im anschließenden Asien beheimatet. Feuchte bis nasse Standorte, Altwässer, Grabenränder. **Gift:** In allen Pflanzenteilen: tetrazyklisches Triterpen, Gratiogenin und das Glykosid Gratiosid. **Wirkung:** Schleimhautreizende Wirkung im Magen-Darm-Trakt, Störung der Herz- und Atemfunktion. **Vergiftungserscheinungen:** Übelkeit, Erbrechen, Bauchkrämpfe, Durchfall, Herzrhythmusstörungen. **Erste Hilfe:** Bei Beschwerden zum Arzt. **Therapie:** Gabe von Kohle und Laxans, Überwachung, symptomatische Therapie; gegebenenfalls primäre Giftentfernung.

Polei-Minze

Mentha pulegium

Lippenblütler, Lamiaceae. **Merkmale:** Bis 50 cm hohe Staude mit dunkelgrünen, kurz gestielten, elliptisch-eiförmigen Blättern. Die kleinen violetten Blüten stehen in kugeligen Scheinquirlen. **Vorkommen:** Europa und Asien, entlang großer Flüsse, an Seen und Teichen. **Gift:** Alle Pflanzenteile sind giftig, gefährlich aber nur in großen Dosen. Die Inhaltsstoffe sind ätherisches Öl, Pulegon, Piperiton. **Vergiftungserscheinungen:** Würgen, Erbrechen, Blutdrucksteigerung. **Erste Hilfe:** Nicht erforderlich, da die Pflanze nur schwach giftig ist. Im Zweifelsfall Auskunft über Giftnotruf.

stark giftig Gelber Fingerhut

stark giftig Gnadenkraut

schwach giftig Polei-Minze

Zwerg-Holunder, Attich

Sambucus ebulus

Moschuskrautgewächse, Adoxaceae. **Merkmale:** Der Zwerg-Holunder oder Attich wird als ausdauernde, krautige Pflanze nur 1–2 m hoch. Die Blüten sind rötlichweiß, in entständigen, flachen Trugdolden. Die Früchte sind schwarz glänzende, kugelige bis eiförmige, etwa erbsengroße Beeren; sie sitzen zu mehreren in aufrechten, flachen, endständigen Trauben und schmecken widerlich bittersüß. **Vorkommen:** Mittel- und Südeuropa; Gebüsche, Waldblößen, Hecken; in den Alpen bis 1300 m hoch. Auch angepflanzt und verwildert. **Gift:** Bitterstoffe, Blausäureglykosid, Gerbstoff, ätherisches Öl. **Wirkung:** Brechreizend und abführend. **Vergiftungserscheinungen:** Erbrechen, Durchfälle, Kopfschmerzen, Schwindel. **Erste Hilfe:** Bei Beschwerden immer zum Arzt. **Therapie:** Bei Einnahme größerer Mengen primäre Giftentfernung, Kohlegabe, Überwachung.

Wiesen-Bärenklau

Heracleum sphondylium

Doldengewächse, Apiaceae. **Merkmale:** Etwa 50–150 cm hohes Kraut mit kantig gefurchten Stängeln, die meist, ebenso wie die gelappten Blätter, borstig behaart sind. **Vorkommen:** Verbreitet in Europa vorkommend. **Gift:** Die Furocumarine Pimpinellin, Isopimpinellin und Bergapten. **Wirkung:** Phototoxisch. **Vergiftungserscheinungen:** Hauptsächlich durch den Stängelsaft treten Rötungen der Haut, Schwellungen und Blasenbildung auf; dies wird bei hoher Lichteinwirkung (Sonne!) und hoher Luftfeuchtigkeit verstärkt. **Erste Hilfe:** Die betroffenen Stellen waschen, nicht kratzen! Arzt aufsuchen. **Therapie:** Lokale Behandlung mit abschwellenden und antiphlogistischen Mitteln. Sich bildende Blasen trocknen ein, bleiben danach aber noch lange als »Flecken« sichtbar.

Herkulesstaude

Heracleum mantegazzianum

Ähnlich im Aussehen, aber oft über 3 m hoch ist die Herkulesstaude, die Ende des 19. Jahrhunderts – als Zierpflanze für große Gartenanlagen – aus dem Kaukasus mitgebracht wurde. Sie ist vielfach auch verwildert anzutreffen. Ihre Giftwirkung ist ähnlich der des Wiesen-Bärenklaus, aber noch intensiver. Insbesondere kann es bei Kontakt zu Rötungen, Ausschlag oder Blasenbildung kommen. **Erste Hilfe** und **Therapie:** Siehe Wiesen-Bärenklau.

giftig Zwerg-Holunder, Attich

giftig Wiesen-Bärenklau

giftig Herkulesstaude

Gefleckter Schierling

Conium maculatum

Doldengewächse, Apiaceae. **Merkmale:** Diese 1–2 m hohe Pflanze bildet spindelförmige, weißliche Pfahlwurzeln mit aufrechten, röhrigen, fein gerillten Stängeln, die im unteren Teil purpurrote Flecken aufweisen. Die dunkel- bis graugrünen Blätter sitzen an runden, kahlen Stielen und sind 2–5-fach gefiedert. Von Juni bis September blüht der Gefleckte Schierling in großen, 10- bis 20-strahligen zusammengesetzten Dolden. Die Früchte sind grünlich-braun, eiförmig zusammengedrückt, etwa 3 mm lang, mit wellig gekerbten Rippen. An sehr heißen Tagen gibt der Schierling einen widerlichen, mäuseharnähnlichen Geruch ab. **Vorkommen:** Gesamteuropa, vorzugsweise in wärmeren Gegenden. Kommt sowohl im Flachland als auch im Gebirge vor; an Hecken, Wegrändern, brachliegenden Böden oder Zäunen. **Gift:** Alle Teile der Pflanze enthalten Coniin sowie vier weitere Alkaloide, außerdem ätherisches Öl. Vergiftungen durch den Gefleckten Schierling kommen in der heutigen Zeit äußerst selten vor und beruhen meist auf unbeabsichtigten Verwechslungen des Krautes mit Suppengewürzen. Bei Kindern wurden Vergiftungen durch den Verzehr der Wurzel bekannt. In der Antike fand der Gefleckte Schierling Verwendung bei Hinrichtungen. So beschreibt Plato den Tod des Sokrates, der 399 vor Christus zum Tod durch Trinken des »Schierlingbechers« verurteilt wurde. **Wirkung:** Coniin wirkt zuerst erregend, dann lähmend auf das Rückenmark und auf die Medulla oblongata. Die Wirkung auf die Muskeln und auf das vegetative Nervensystem ist nikotinähnlich. **Vergiftungserscheinungen:** Etwa eine halbe bis zwei Stunden nach der Giftaufnahme Brennen im Mund, Schluckbeschwerden, Speichelfluss, Sehstörungen, Schwäche in den Beinen; nach größeren Mengen bereits Bewusstseinstrübung und beginnende Lähmungen. **Erste Hilfe:** Immer Klinikbehandlung. **Therapie:** Schon nach Einnahme von geringen Mengen frühzeitige Giftentfernung, Gabe von Kohle und Abführmittel, intensivmedizinische Überwachung und symptomatische Therapie.

stark giftig Gefleckter Schierling

Wasserschierling

Cicuta virosa

Doldengewächse, Apiaceae. **Merkmale:** Die auch Gift-Wasserschierling oder Wüterich genannte Pflanze ist eine kräftige, ausdauernde Staude, die einen knolligen, innen hohlen und gekammerten Wurzelstock bildet. Der Wasserschierling wächst mit einem röhrigen, fein gerillten Stängel und erreicht eine Größe von 60–120 cm. Die Blätter sind 2–3-fach gefiedert, mit kleinen, scharf gezähnten, lanzettlichen Blättchen. Von Juli bis August sitzen die weißen Blüten an 8–12-strahligen zusammengesetzten Dolden. Die rundlichen Früchte sind bräunlichgelb und dunkelbraun gestreift. **Vorkommen:** Nord- und Mitteleuropa; zum Süden hin seltener werdend, in den Gebirgen fehlend. Wächst nur bei ausreichender Feuchtigkeit; in Sümpfen, an Gräben und Ufern, manchmal auch halbschwimmend. **Gift:** In allen Pflanzenteilen, hauptsächlich jedoch in der Wurzel, sind Alkaloide sowie Cicutoxin und Cicutol enthalten, wobei die Alkaloide bei dieser Schierlingspflanze hinsichtlich ihrer Giftigkeit nur eine untergeordnete Rolle spielen. Vergiftungen, besonders bei Kindern, kamen relativ häufig vor; vermutlich durch Kauen an der süßlich schmeckenden Wurzel. Auch Verwechslungen mit Sellerie, Pastinak und der Wurzel der Petersilie haben zu Vergiftungen geführt. Als tödliche Dosis werden 2–3 g der frischen Pflanze angegeben. **Wirkung:** Die Hauptwirkung liegt im Cicutoxin, das ein zentrales Krampfgift darstellt. **Vergiftungserscheinungen:** Oft schon wenige Minuten nach Aufnahme der Giftpflanze brennende Schmerzen in Mund und Rachen, Übelkeit, Erbrechen. Bei schweren Verläufen Krampfanfälle, Herz- und Atembeschwerden. **Erste Hilfe:** Schneller Transport in die Klinik. **Therapie:** Frühzeitige Giftentfernung, Gabe von Kohle und Abführmittel, gegebenenfalls intensivmedizinische Überwachung und symptomatische Therapie.

Wasserfenchel

Oenanthe aquatica

Doldengewächse, Apiaceae. **Merkmale:** Wasserfenchel od. Wasserrebendolde ist eine ca. 30–150 cm große Pflanze mit hohlem Stängel. Die Blätter sind mehrfach gefiedert, die kleinen weißen Einzelblüten sind in Dolden angeordnet. Beim Wasserfenchel besteht die Verwechslung mit der Wilden Möhre. **Vorkommen:** Europa bis Westasien; teilweise häufig in seichten, stehenden oder langsam fließenden Gewässern. **Gift:** Alle Pflanzenteile sind schwach giftig und zeigen Vergiftungserscheinungen bei Tieren (Pferd, Rind, Schwein). Vergiftungen bei Menschen wurden nicht beobachtet.

stark giftig Wasserschierling

schwach giftig Wasserfenchel

Hundspetersilie

Aethusa cynapium

Doldengewächse, Apiaceae. **Merkmale:** Krautartige, ein- oder zweijährige, 10 bis 100 cm hohe Pflanze. Der hohle Pflanzenstängel ist fein gestreift und oben gabelig verästelt. Die Blätter der Hundspetersilie, auch Gartenschierling oder Gartengleiße, sind 2–3-fach gefiedert, die Blättchen fiederförmig eingeschnitten, nicht gekräuselt und riechen unangenehm. Die von Juni bis Oktober wachsende Pflanze unterscheidet sich von der echten, der kultivierten Petersilie nicht nur durch den unangenehmen knoblauchartigen Geruch, sondern auch durch die hauptsächlich an der Unterseite glänzenden Blätter, die bei der echten Petersilie matt sind. Auch sind die in flachen Dolden angeordneten Blüten weiß, bei der echten Petersilie grünlichgelb. Die kugelig-eiförmigen Früchte sind 3–5 mm lang, hellbraun mit dunklen Striemen. **Vorkommen:** Ganz Europa. Auf Äckern, brachliegenden Böden, Bahndämmen, Weinbergen und als Gartenunkraut. **Gift:** Aethusin, Aethusanol und Spuren von Coniin sind in allen Teilen der Pflanze enthalten. Die bekannt gewordenen Vergiftungen beruhten meist auf unbeabsichtigter Verwechslung der Hundspetersilie mit Suppengewürzen; kamen bei Kindern aber auch durch das Essen von Wurzeln zustande. **Wirkung:** Coniin wirkt zuerst erregend, dann lähmend auf das Rückenmark und auf die Medulla oblongata. Die Wirkung auf Muskeln und das vegetative Nervensystem ist nikotinähnlich. **Vergiftungserscheinungen:** Ähnlich wie bei Vergiftungen mit Geflecktem Schierling: Brennen im Mund, Schluckbeschwerden, Speichelfluss, Sehstörung, Bewusstseinsstörung, Lähmungserscheinungen. **Erste Hilfe:** Gegebenenfalls zum Arzt. **Therapie:** Je nach aufgenommener Menge primäre Giftentfernung, stationäre Überwachung, symptomatische Therapie.

stark giftig Hundspetersilie

Wermut

Artemisia absinthium

Korbblütler, Asteraceae. **Merkmale:** Mit aufrechtem, sehr ästigem Stängel bis etwa 1 m hoch werdender Halbstrauch. Die 2–3-fach fiederteiligen Blätter sind (ebenso der Stängel) seidig-filzig und duften beim Zerreiben aromatisch. Von Juli bis September zeigen sich die Blüten in kleinen, kugeligen, gelben, in langstieligen Ähren stehenden Blütenköpfchen. **Vorkommen:** In Europa verbreitet auf Weiden, Schutt, Ödland, Hecken und Weinbergen. **Gift:** Die ganze Pflanze enthält das ätherische Öl Thujon und den Bitterstoff Absinthin. **Wirkung:** Hohe Dosen haben eine krampferzeugende und lähmende Wirkung auf das Zentralnervensystem. **Vergiftungserscheinungen:** In hohen Dosen eingenommen Erbrechen, Durchfall, Harnverhalt, Benommenheit, Krämpfe. **Erste Hilfe:** Bei Beschwerden zum Arzt. **Therapie:** Überwachung und symptomatische Therapie.

Rainfarn

Tanacetum vulgare

Korbblütler, Asteraceae. **Merkmale:** Der stark duftende, mehrjährige Rainfarn, auch Wurmkraut genannt, kann über 1 m hoch werden. Die meist doppelt gefiederten, gezähnten Blätter werden bis 25 cm lang. Von Juli bis September stehen die gelben Blütenköpfchen in einer Schirmrispe am Ende des Stängels. **Vorkommen:** In ganz Europa an Feldrainen, Wegrändern, in Hecken und auf Weiden. **Gift:** Die ganze Pflanze enthält Thujon, Tanacetin, Borneol und Kampfer. **Wirkung:** Reizend auf die Haut und Schleimhaut. **Vergiftungserscheinungen:** Gerötete Hautstellen mit Brennen und Juckreiz. **Erste Hilfe:** Nach Hautkontakt: Haut abwaschen und gegebenenfalls zum Arzt. **Therapie:** Symptomatisch.

Löwenzahn

Taraxacum officinale

Korbblütler, Asteraceae. **Merkmale:** Der Löwenzahn blüht und fruchtet vom April bis zum Herbst. Den bei Reife aus dem kugeligen Blütenboden stehenden Früchten dient ein strahlenförmiger ausgebreiteter Haarkelch (»Fallschirm«) als Flugvorrichtung; die sogenannte Pusteblume der Kinder. **Vorkommen:** Europa. Überall sehr häufig; auf Wiesen und Feldern, vom Flachland bis ins Hochgebirge. **Gift:** Hauptsächlich Wurzel und Stängel enthalten den Bitterstoff Taraxin. **Wirkung:** Reizende Wirkung auf den Magen-Darm-Trakt. **Vergiftungserscheinungen:** Erbrechen und Durchfall. Intensiver Hautkontakt kann Hautentzündungen verursachen. **Erste Hilfe:** Im Zweifelsfall Auskunft über Giftnotruf.

stark giftig Wermut

giftig Rainfarn

schwach giftig Löwenzahn

Beifußblättriges Traubenkraut

Ambrosia artemisiifolia

Korbblütler, Asteraceae. **Merkmale:** Auch Ambrosia, Traubenkraut, Wilder Hanf oder auf englisch »Ragweed« genannt, ist ein einjähriges Unkraut mit Wuchshöhen von 20 cm bis 1,5 m. Auf einem behaarten, reich verzweigten Stängel sind die grünen, gefiederten und langstieligen Blätter unten gegenständig und oben wechselständig angeordnet. **Vorkommen:** Das Traubenkraut stammt ursprünglich aus Amerika, wächst aber seit Beginn der 1990er Jahre mit zunehmender Ausbreitung auch in Deutschland in Kiesgruben, auf Schutthalden, an Straßenrändern und auf Bahndämmen.
Häufige Wuchsorte sind unter Vogelfutterplätzen durch mit Ambrosia-Samen verunreinigtes Vogelfutter. **Wirkung:** Die Pollen des Traubenkrautes gehören zu den stärksten Allergieauslösern, die häufig die Atemwege, die Bindehaut oder auch die Haut betreffen.
Das Allergen fliegt erst ab Ende Juli bis Oktober, wenn die eigentliche Pollenflugzeit schon zu Ende ist. Bei Auftreten dieser Pflanze sollte sofort die untere Naturschutzbehörde verständigt werden. **Allergische Reaktionen:** Husten, Kurzatmigkeit, Atemnot, Niesen, verstopfte Nasen und entzündete Augen. Daneben können auch Hautekzeme, Durchfall, Hals- und Gelenkschmerzen auftreten. Eine unbehandelte Allergie kann im schlimmsten Fall auch zu Asthma führen. **Erste Hilfe:** Hier hilft nur der Arzt in der Klinik oder Praxis, evtl. Auskunft über Giftnotruf einholen.

Tagetes-Arten

Tagetes spec.

Korbblütler, Asteraceae. **Merkmale:** Die Gattung *Tagetes* wird in vielen Züchtungen angeboten. Der Stängel wächst verzweigt mit gefiederten Blättern. Die Blüten, je nach Art verschieden gefärbt, wachsen meist einzeln auf Stielen. **Vorkommen:** Die Studentenblume oder Sammetblume stammt aus Mittelamerika und zählt nun zu den beliebtesten Zierpflanzen in unseren Gärten (besondere Lieblingsspeise für Schnecken!). **Gift:** Alle Teile der Pflanze enthalten Giftstoffe (Thiophenverbindungen). **Vergiftungserscheinungen:** Nach Hautkontakt kann Lichteinwirkung zu einer phototoxischen Reaktion führen, d. h., dass in Verbindung mit UV-Licht und Kontakt mit Tagetes eine Hautentzündung auftreten kann. **Erste Hilfe:** Nicht erforderlich, evtl. Auskunft über Giftnotruf einholen.

giftig Beifußblättriges Traubenkraut

schwach giftig Tagetes-Arten

Arnika

Arnica montana

Korbblütler, Asteraceae. **Merkmale:** Arnika oder Berg-Wohlverleih ist eine 20–60 cm hohe, aromatisch duftende Pflanze mit 1–2 Paar gegenständigen Blättern am Stängel. Die orangefarbigen Blütenköpfe sind 5–7 cm breit. **Vorkommen:** Europa, in den mitteleuropäischen Gebirgen häufig, in der Ebene selten. Sie wächst in lichten Wäldern und moorigem Grasland; in den Alpen auch auf trockenen Magerwiesen. **Gift:** In der Wurzel Bitterstoff, ätherisches Öl, Hydrothymochinonmethylether, Gallussäure und Inulin. **Wirkung:** Bei äußerlicher Anwendung als Salbe, Gel oder Tinktur wird Arnika zur Behandlung von Hautleiden eingesetzt. Die Blätter weisen den höchsten Gehalt an ätherischen Öl zum Zeitpunkt der beginnenden Blüte auf und sind nicht zur Daueranwendung geeignet, da toxisch-allergische Hautreaktionen nach externer Anwendung möglich sind. **Vergiftungserscheinungen:** Bei innerlicher Aufnahme Störung des normalen Schluck- und Schlingvorgangs, Schmerzen, Ekelgefühl, Durchfall, Kopfschmerz, Angstgefühl. **Erste Hilfe:** Kaum notwendig, da die Pflanze nur schwach giftig ist. Im Zweifelsfall Auskunft über Giftnotruf einholen.

Einbeere

Paris quadrifolia

Einbeerengewächse, Melanthiaceae. **Merkmale:** Die Einbeere oder Wolfsbeere ist eine ausdauernde, krautige Pflanze. Der im unteren Teil unbelaubte Stängel wird 25–40 cm hoch und trägt oben 4, selten 5 oder 6 waagrecht abstehende Blätter. Vom Mai bis Juni werden diese großen, ungestielten, netzadrigen Blätter von der einzigen, endständigen, gestielten Blüte mit 8 dünnen, grünlichgelben bis hellgrünen Blütenhüllblättchen überragt. Der blauschwarz gefärbte, 4-fächerige Fruchtknoten entwickelt sich im Juli bis August zu einer vielsamigen, blauschwarzen, etwa kirschgroßen Beere (s. auch Foto S. 181); diese Frucht schmeckt unangenehm süßlich. **Vorkommen:** Fast ganz Europa, im Süden häufiger. In schattigen und feuchten Laub- und Mischwäldern, kalkliebend. **Gift:** Vorwiegend in den Beeren und Wurzeln sind Paridin und Paristyphnin enthalten. Vergiftungen sind bekannt; betroffen waren meist Kinder, welche die Einbeere mit Früchten der Heidelbeere verwechselt hatten. **Wirkung:** Örtlich: reizend. Resorptiv: Verengung der Pupillen. **Vergiftungserscheinungen:** Übelkeit, Erbrechen, Durchfall mit Darmkrämpfen, Kopfschmerzen, Schwindel, stark verengte Pupillen. Atemlähmung. **Erste Hilfe:** Nicht nötig; im Zweifelsfall Auskunft bei Giftnotruf einholen.

schwach giftig Arnika

giftig Einbeere

Weißer Germer

Veratrum album

Einbeerengewächse, Melanthiaceae. **Merkmale:** Der Weiße Germer ist eine krautartig wachsende Pflanze mit knolligem Wurzelstock, die etwa 1–1,5 m hoch wird. Er blüht etwa von Juli bis September. Der Stängel ist aufrecht und flaumhaarig; die ihn am Grund umfassenden wechselständigen Blätter sind breit elliptisch, längsfaltig und werden schmäler, je weiter oben sie wachsen; ihre Unterseite ist flaumig behaart. Die kurz gestielten Blüten sind weißlich, gelblich oder grünlich in einer aus vielblütigen Trauben zuammengesetzten Rispe. **Vorkommen:** Mittel- und Südeuropa. In bergigen Gegenden, auf feuchten Weiden und Wiesen; vorwiegend in Höhen zwischen 1000 und 2700 m. **Gift:** In allen Teilen der Pflanze sind als Hauptalkaloide Protoveratrin und Germerin enthalten. Schon wegen des unangenehmen Geschmacks der Pflanze sind Vergiftungen äußerst selten. Die meisten Vergiftungen treten durch Verwechslung mit Enzianwurzel auf. In der Antike wurde der Weiße Germer als Mordgift benutzt; man präparierte damals Pfeilspitzen mit Gift. **Wirkung:** Reizend auf sensible Nervenenden (Haut, Augen, Nase, Mund), blutdrucksenkende Wirkung. **Vergiftungserscheinungen:** Nach oraler Einnahme Schmerzen im Mund, Brennen an der Zunge, Kratzen und Prickeln im Rachen; später pelziges Gefühl im Mund, Speichelfluss, Erbrechen, Durchfall; Erregungszustände, Muskelzuckungen, Kältegefühl am ganzen Körper; Pulsverlangsamung, Kreislaufschwäche, Herzrhythmusstörungen. Symptomatik kann mehrere Tage anhalten. **Erste Hilfe:** Bei Beschwerden sofort ins Krankenhaus. **Therapie:** Primäre Giftentfernung, Gabe von Kohle, intensivmedizinische Überwachung und symptomatische Therapie.

Selten wild wachsend zu finden ist der ebenfalls giftige Schwarze Germer *(Veratrum nigrum)*, der die gleichen giftigen Stoffe wie der Weiße Germer beinhaltet. Seiner schönen schwarzpurpurnen Blüten wegen findet man ihn ab und zu in Gärten als Zierpflanze.

stark giftig Weißer Germer

Vielblütige Weißwurz

Polygonatum multiflorum

Spargelgewächse, Asparagaceae. **Merkmale:** 30–70 cm hohe Staude mit kräftigem, rundem Stängel und wechselständig sitzenden, eiförmigen bis elliptischen Blättern. Im Frühjahr hängen an der Unterseite des gebogenen Stängels Gruppen von je 2–5 weißlichen, glockigen Blüten. Die im Sommer reifenden Früchte sind etwa erbsengroße, schwarzblaue, bereifte Beeren. **Vorkommen:** Fast ganz Europa. In schattigen Laubwäldern und in Gebüschen. **Gift:** Enthält Steroidsaponine, einige Glykoside, aber keine Herzglykoside. **Wirkung:** Reizend auf Magen- und Darmschleimhaut. **Vergiftungserscheinungen:** Erbrechen, Durchfall, Kopfschmerzen, Schwindel, Atemnot. **Erste Hilfe:** Bei Beschwerden zum Arzt. **Therapie:** Bei mehr als 10 Beeren primäre Giftentfernung, Kohlegabe, Überwachen und symptomatische Maßnahmen.

Wohlriechende Weißwurz, Salomonssiegel

Polygonatum odoratum

Spargelgewächse, Asparagaceae. **Merkmale:** 15–50 cm hohe Staude mit kantigem, gebogenem Stängel. Die eiförmig-elliptischen Blätter wachsen in 2 Reihen an der Oberseite des Stängels und stehen beidseitig schräg nach oben. Die wohlriechenden, weißlichen, glockigen Blüten hängen einzeln, selten zu zweit. Die schwarzblauen Beeren werden bis zu 12 mm groß (s. Foto S. 182). **Vorkommen:** Fast ganz Europa. In trockenen, lichten Wäldern, Gebüschen, auf Heidewiesen. **Gift** bis **Therapie:** Siehe Vielblütige Weißwurz. Ähnlich in ihrer Wirkung ist auch die Quirlblättrige Weißwurz *(Polygonatum verticillatum)* mit ihren quirlständig stehenden Blättern und den erbsengroßen, anfangs roten, später schwarzblauen Beeren (s. Foto S. 189).

Zweiblättrige Schattenblume

Maianthemum bifolium

Spargelgewächse, Asparagaceae. **Merkmale:** Die ausdauernde, krautige Pflanze wächst mit 2 wechselständigen, dunkelgrünen Blättern und wird 5–15 cm hoch. Von Mai bis Juni trägt die Pflanze kleine, weiße Blüten, die in endständigen, aufrechten Trauben angeordnet sind. Im Herbst reifen dann die Früchte – kleine Beeren, die zunächst grünlichweiß, dann grün und rot gefleckt und bei völliger Reife glänzend kirschrot sind. **Vorkommen:** Sie ist in der nördlich-gemäßigten Zone verbreitet und dort häufig in lichten Wäldern und an Waldrändern. **Gift:** Digitalisglykoside. **Wirkung** bis **Therapie:** Siehe Maiglöckchen.

stark giftig Vielblütige Weißwurz

giftig Vielbl. Weißwurz, Früchte

stark giftig Wohlriechende Weißwurz

giftig Zweibl. Schattenblume, Früchte

Maiglöckchen

Convallaria majalis

Spargelgewächse, Asparagaceae. **Merkmale:** Das Maiglöckchen ist eine ausdauernde Pflanze mit einer unterirdischen Sprossachse, die sich alljährlich verlängert und Seitentriebe bildet; deswegen steht es auch meist in größeren Trupps zusammen. Im Frühjahr bilden sich 2 grundständige, zunächst tütenförmig eingerollte, dann lang gestielte, oval-lanzettliche, ganzrandige Blätter. Im Mai und Juni hängen dann an einem laubblattlosen Stängel nach einer Seite traubig übereinander die weißen bis grünlichen, stark duftenden Blüten. Die Früchte, kugelrunde, etwa erbsengroße, rote Beeren, reifen von August bis September. **Vorkommen:** Das Maiglöckchen ist in ganz Europa verbreitet. Bevorzugte Standorte sind lichte Laub- und Mischwälder, Gebüsche und Bergwiesen. Häufig auch als Zierpflanze in Gärten. **Gift:** Alle Pflanzenteile sind giftig und enthalten Digitalisglykoside, Convallatoxin, Convallamarin, Convallosid sowie Saponine und Carotin. Im Allgemeinen treten Vergiftungen durch Essen der roten Beeren auf, aber auch durch Lutschen und Kauen an Blättern und Blütenstielen. **Wirkung:** Die Hauptwirkstoffe haben typische Digitaliswirkung auf die Herzmuskulatur, Verbesserung der Kreislaufverhältnisse, Beseitigung von Stauungserscheinungen durch verbesserten Harnabfluss. Die Saponine wirken abführend, lokal reizend. **Vergiftungserscheinungen:** Übelkeit, Erbrechen, Durchfall, Benommenheit. Bei größeren Mengen Herzrhythmusstörungen. **Erste Hilfe:** In der Regel nicht notwendig; bei Aufnahme größerer Mengen Arzt aufsuchen. **Therapie:** Ab mehr als fünf Beeren primäre Giftentfernung, Kohlegabe, Überwachung der Herzaktion und symptomatische Therapie.

Tulpe

Tulipa gesneriana und Hybriden

Liliengewächse, Liliaceae. **Merkmale:** Beliebter Frühjahrsblüher, in vielen Zuchtformen als Zierpflanze in Gärten und Anlagen. Die Blätter sind lanzettlich, die Blüten stehen einzeln in vielen Farbvariationen mit einer Blüttenhülle aus 6 gleichartigen Blättern. **Gift:** Alle Pflanzenteile, einschließlich der Zwiebel, sind giftig und enthalten Tulipin mit ähnlicher Wirkung wie Aconitin und Tuliposid A. **Wirkung** und **Vergiftungserscheinungen:** Vor allem die Blüten enthalten Substanzen, die zu schweren Hauterkrankungen (»Tulpenkrätze«) führen können. Auch weitere Hautpartien können in Mitleidenschaft gezogen werden. Nach Verzehr können Bauchschmerzen, Übelkeit und Erbrechen auftreten. **Erste Hilfe:** Bei Hauterkrankungen Arzt aufsuchen, bei oraler Aufnahme Auskunft über Giftnotruf einholen.

stark giftig Maiglöckchen

stark giftig Maiglöckchen, Früchte

schwach giftig Tulpe

Gelbe Narzisse

Narcissus pseudonarcissus

Narzissengewächse, Amaryllidaceae. **Merkmale:** Die auch Osterglocke oder Trompetennarzisse genannte Pflanze wird bis 40 cm hoch, hat lange linealische Blätter und trägt, etwa von März bis April, große trompetenförmige, gelbe Blüten. **Vorkommen:** Europa; selten. Man findet sie auf Bergwiesen und in hellen Wäldern; meist jedoch als Zierpflanze in Gärten. **Gift:** Die Zwiebeln der Pflanze enthalten die Alkaloide Narcissin und Lycorin sowie einen Bitterstoff. Vergiftungen sind bekannt; sie kamen vor durch Verwechslung mit der Speisezwiebel. **Wirkung:** Emetisch, abführend; lokal: hautreizend. **Vergiftungserscheinungen:** Durch den Saft der Pflanze können lokal Hautreizungen auftreten. Oral aufgenommen, kommt es zu Würgereiz, Erbrechen, Durchfall, Schweißausbruch, Benommenheit, Kollaps und Lähmungserscheinungen. **Erste Hilfe:** Im Allgemeinen nicht notwendig; bei größeren Mengen jedoch Arzt aufsuchen. **Therapie:** Kohlegabe, symptomatische Therapie.

Weiße Narzisse

Narcissus poeticus

Narzissengewächse, Amaryllidaceae. **Merkmale:** Die Weiße, Echte oder Dichter-Narzisse ist eine Zwiebelpflanze, wird etwa 50 cm hoch und hat lange, linealische Blätter. Die duftende, weiße Blüte hat innen eine gelbliche Nebenkrone mit rötlichem Rand. Diese geschützte Pflanze wächst und blüht von April bis etwa Mai. **Vorkommen:** Mittelmeergebiet von Frankreich bis Griechenland. In Deutschland verwildert vorkommend; selten. Häufig jedoch als Zierpflanze in Gärten. **Gift:** Die Zwiebel enthält die Alkaloide Narcissin und Narcipoetin. Auch bei dieser Narzisse kam es durch Verwechslung mit der Speisezwiebel zu Vergiftungen. **Wirkung** bis **Therapie:** Siehe Gelbe Narzisse.

Als schwach giftig gelten noch das Schneeglöckchen *(Galanthus nivalis)* und der Märzenbecher oder die Frühlingsknotenblume *(Leucojum vernum)*; beide beinhalten ebenfalls Alkaloide.

giftig Gelbe Narzisse

giftig Weiße Narzisse

Drachenwurz

Calla palustris

Aronstabgewächse, Araceae. **Merkmale:** Die auch Sumpf-, Schlangenwurz oder Schweinsohr genannte krautige Sumpfpflanze bildet eine lange, grüne, kriechende Grundachse, aus deren Spitze dann die grundständigen Laubblätter und die aufsteigenden Blütenschäfte hervorgehen. Ein »Wandern« der Pflanze wird sichtbar durch den an der Spitze weiterwachsenden und am Ende absterbenden Wurzelstock. Die Blätter sind herzförmig, mit glattem Rand, glänzend grün und sitzen an langen Stängeln. Ein flach ausgebreitetes, außen grünes und innen weißes, von deutlich sichtbaren Längsstreifen durchzogenes Hüllblatt umgibt den etwa 3 cm langen Blütenkolben. Die im Sommer reifenden korallenroten, runden bis kantigen, etwa erbsengroßen Beeren sitzen dicht am Kolben und fühlen sich schleimig-klebrig an. **Vorkommen:** Nord- und Mitteleuropa, in den Alpen fehlend. Wächst in der Ebene und im Bergland in Waldsümpfen, Torfmoosen, an Ufern von Teichen, Seen und langsam fließenden Gewässern. Sehr selten. **Gift:** Alle Teile der Pflanze enthalten einen Stoff, der dem Aroin nahesteht. Durch Verzehr einer größeren Anzahl der Beeren sind Vergiftungen möglich. In der Heilkunst früherer Zeiten verwendete man eine Abkochung der Wurzel gegen Schlangengiftwirkung. Gebietsweise setzte man auch die gemahlenen, stärkereichen Wurzelstöcke dem Brotteig zu, wobei die Giftstoffe durch den Backprozess unwirksam wurden. **Wirkung:** Örtliche Reizwirkung auf die Haut und die Schleimhäute. **Vergiftungserscheinungen:** Äußerlich Hautrötung; nach oraler Aufnahme: Speichelfluss, Übelkeit, Erbrechen, Durchfall. Nach älterer Literatur: Erregung, Krampfanfälle. **Erste Hilfe:** Bei Symptomen zum Arzt. **Therapie:** Bei Hauterscheinungen Glucocorticoide lokal, gegen Schmerzen im Mundbereich eventuell Lokalanästhetikum, sonst Überwachung, symptomatische Therapie.

giftig Drachenwurz, Blüten

giftig Drachenwurz, Früchte

Aronstab

Arum maculatum

Aronstabgewächse, Araceae. **Merkmale:** Der Aronstab ist eine 10 bis 25 (30) cm hohe, ausdauernde, mehrjährige, krautige Pflanze mit einer knolligen, unterirdischen Sprossachse. Seine Blätter sind lang gestielt, pfeilförmig, dunkelgrün, manchmal auch schwärzlich gefleckt. Schon ab April bis Mitte Mai sitzt auf einem blattlosen Stängel die tütenförmige, grünlichweiße Blütenscheide, die sich im unteren Teil kesselförmig erweitert und deren charakteristischen, kolbenförmigen Blütenstand umgibt, dessen braunroter Endabschnitt aus dem von der Blütenscheide gebildeten Kessel herausragt. An dem Kolben entwickeln sich dann im Spätsommer dicht gedrängt stehende eiförmige Beeren, die zunächst grün, dann glänzend rot sind. **Vorkommen:** In Europa verbreitet; wird nach Norden immer seltener. Er kommt zerstreut in schattigen, feuchten Laubwäldern, in Hohlwegen und unter Hecken vor. **Gift:** Die roten Beeren, die frischen Blätter und auch der frische Wurzelstock enthalten das giftige Aroin. Vergiftungen sind bei Kindern vorgekommen durch den Verzehr der etwas süßlich schmeckenden Beeren und der säuerlich schmeckenden Blätter. **Wirkung:** Örtliche Reizwirkung; resorptiv erregend und lähmend auf das Zentralnervensystem. **Vergiftungserscheinungen:** Bei Hautkontakt starke Reizerscheinungen bis zur Blasenbildung. Nach oraler Aufnahme Übelkeit, Erbrechen, Durchfall. In älterer Literatur Erregung und Krampfanfälle beschrieben. **Erste Hilfe:** Bei Beschwerden zum Arzt. **Therapie:** Bei Hautveränderungen lokal Glucocorticoide. Beim Verschlucken Kohlegabe, symptomatische Therapie, gegebenenfalls primäre Giftentfernung.

Sumpf-Schwertlilie

Iris pseudacorus

Schwertliengewächse, Iridaceae. **Merkmale:** Bis 1 m hoch wachsende Staude mit lineal- bis schwertförmigen ganzen Blättern. Blüten lang gestielt, gelb, mit walzenförmiger Fruchtkapsel. **Vorkommen:** Europa, westliches Asien, Nordafrika, in Auwäldern, Sümpfen und Gräben. In Gärten in kleinen Teichen angepflanzt. **Gift:** Alle Pflanzenteile sind schwach giftig, sie enthalten das Glykosid Iridin sowie einen unerforschten scharfen Stoff, der auch nach dem Trocknen noch enthalten ist. **Vergiftungserscheinungen:** Der Kontakt mit der Pflanze kann eine Entzündung auf der Haut hervorrufen. Innerlich aufgenommen, erzeugt der brennend scharfe Saft Schluckbeschwerden, Erbrechen, Durchfälle. **Erste Hilfe:** Nicht erforderlich, im Zweifelsfalle Auskunft über Giftnotruf.

giftig Aronstab

giftig Aronstab, Früchte

schwach giftig Sumpf-Schwertlilie

Herbstzeitlose

Colchicum autumnale

Herbstzeitlosengewächse, Colchicaceae. **Merkmale:** Während des Sommers bildet diese krautige Pflanze eine bis 7 cm lange Knolle mit einem Seitenspross, aus dem im Herbst die Blüten hervorgehen. Während dann im Winter die Mutterknolle abgebaut wird, verdickt sich der Seitenspross zu einer zweiten Knolle. Von August bis Oktober blüht die Herbstzeitlose. Jede Pflanze bringt 1–3 grundständige Blüten mit weißlicher Röhre und 6 großen, zart rosa bis lilafarbenen, trichterförmig gestellten Blütenhüllblättern hervor, die selten größer als 15 cm werden. Die blühende Pflanze hat keine Laubblätter; diese entwickeln sich erst im folgenden Frühjahr, sind 20–30 cm lang, breit-lanzettlich und parallelnervig. Gleichzeitig mit den Laubblättern wächst der Fruchtknoten zu einer länglich-eiförmigen, bis 6 cm langen Kapsel heran, in der die zahlreichen dunkelbraunen Samen reifen. **Vorkommen:** Süd-, Mittel- und Westeuropa. Verbreitet auf Wiesen, auch in feuchten, lichten Waldungen, bis hoch ins Gebirge. **Gift:** Das giftige Colchicin ist in allen Teilen der Pflanze enthalten. Viele Vergiftungen sind bekannt und beschrieben, einige davon sogar mit tödlichem Ausgang. Betroffen davon waren hauptsächlich Kinder, die auf dieses Pflanzengift offensichtlich besonders empfindlich reagieren. Häufige Verwechslung mit Blättern des essbaren Bärlauchs. Vergiftungen sind auch möglich durch die Milch von Ziegen und Schafen, wenn diese Tiere Herbstzeitlosen gefressen haben. Als tödliche Dosis werden 20–40 mg (fünf bis zehn Samen) angegeben. **Wirkung:** Auf den Zellkern, kapillarschädigend. **Vergiftungserscheinungen:** Infolge langsamer Giftresorption treten die ersten Krankheitserscheinungen erst zwei bis sechs Stunden nach der Giftaufnahme auf. Zunächst Kratzen und Brennen im Mund, Schluckbeschwerden, Übelkeit, häufiges Erbrechen mit Durchfällen und Darmkrämpfen; blutiger Urin, starke Wasserverarmung des Körpers mit Durstgefühl. Resorptiv: Aufsteigende zentrale Lähmung, Atemnot; wegen Lungenödem Nierenversagen. Bei Überleben Haarausfall nach einer Woche möglich. **Erste Hilfe:** Behandlung im Krankenhaus erforderlich. **Therapie:** Primäre Giftentfernung, wiederholte Gabe von Kohle und Abführmittel, intensivmedizinische Überwachung mit Wasser- und Elektrolytausgleich und weiteren symptomatischen Maßnahmen.

stark giftig Herbstzeitlose

stark giftig Herbstzeitlose, Früchte

Bäume und Sträucher

Wer Kinder hat, kennt die Angst, sie könnten von giftigen Früchten, insbesondere Beeren, naschen. Viele unserer Gehölze sind in dieser Hinsicht gefährlich. Gerade Eltern sollten die entsprechenden Arten kennen (siehe auch die Übersicht Seite 180–191). Auch in diesem Kapitel wurden die Gartenformen berücksichtigt – so geht z. B. vom beliebten Liguster eine latente Gefahr aus. Und denken Sie bitte daran, dass im Allgemeinen auch die Blüten, Blätter und andere Teile der Pflanze giftig sind.

Eibe

Taxus baccata

Eibengewächse, Taxaceae. **Merkmale:** Die immergrüne Pflanze kann als Strauch mit weit ausladenden Zweigen oder als mittelgroßer Baum mit oft gegabeltem Stamm und unregelmäßiger Krone wachsen und eine Höhe von etwa 15 m erreichen. Die Eibe wächst sehr langsam und kann über 1000 Jahre alt werden. Ihre anfangs rotbraune, glatte Rinde wird später graubraun, sich in Platten ablösend. Die Blätter sind etwa 2 mm breite und 20 bis 30 mm lange, spitze, aber weiche Nadeln mit glänzend grüner Oberseite und etwas hellerer, matter Unterseite. Von März bis April stehen die kleinen, unscheinbaren Blüten unterseits an den Zweigen. Ab August reifen die Samen, umgeben von einer fleischigen, roten, eiförmig-becherartigen, etwa erbsengroßen Scheinbeere. **Vorkommen:** Europa. Wild wachsend nur gebietsweise häufig, sonst selten. In der Ebene und im Gebirge (in den Alpen bis 1200 m), in Laub- und Nadelwäldern; häufig als Ziergehölz in Gärten, Anlagen und auf Friedhöfen. **Gift:** Mit Ausnahme des süßlich schmeckenden roten Fruchtfleisches der Scheinbeeren sind in allen Teilen der Pflanze das äußerst giftige Taxin sowie andere Stoffe enthalten. Vergiftungen, auch solche mit tödlichem Ausgang, sind bekannt und beschrieben. Da beim Essen der Beeren der meist unzerkaute giftige Samen durch die Verdauung wieder abgeht, kommen Vergiftungen durch das Taxin der Eibe meist nicht durch den Verzehr dieser Scheinbeeren zustande, sondern häufiger durch das Kauen der Nadeln und Zweige dieser Pflanze. Nicht nur für Menschen kann das Gift der Eibe gefährlich sein, sondern auch für Tiere. So wurden z. B. Pferde beobachtet, die 5 Minuten nach dem Fressen von Nadeln und Zweigen tot zusammengebrochen sind. **Wirkung:** Zentral erregende und lähmende, vor allem das Atemzentrum betreffende Wirkung; starke Herzwirkung mit initialer Pulsbeschleunigung, dann mit Bradykardie und diastolischer Erschlaffung; wirkt auch reizend auf Magen und Darm. **Vergiftungserscheinungen:** Ein bis zwei Stunden nach Giftaufnahme Übelkeit, Erbrechen, Leibschmerzen, Herz- und Kreislaufstörungen, Atemstörungen, Leber- und Nierenschäden, Krampfanfälle, Tod durch Herzversagen. **Erste Hilfe:** Bei Genuss mehrerer Beeren oder Nadeln zum Arzt. **Therapie:** Nach Aufnahme von Nadeln oder mehreren zerkauten Samen primäre Giftentfernung, Kohlegabe, intensivmedizinische Überwachung.

stark giftig Eibe

Wacholder

Juniperus communis

Zypressengewächse, Cupressaceae. **Merkmale:** Als Strauch oder Baum bis 10 m Höhe wachsend; mit gerade abstehenden, stechenden, dunkelgrünen Nadeln. Die charakteristisch duftenden erbsengroßen Wacholderbeeren reifen erst im dritten Jahr. Die kugeligen Früchte sind bei Reife blauschwarz und bereift. **Vorkommen:** Verbreitet in Wäldern, auf Heiden, steinigen Hängen. **Gift:** Die Früchte und Nadeln enthalten ätherisches Öl, α- und β-Pinen, Terpinenol. **Wirkung:** Reizende Wirkung auf die Haut und Schleimhaut. **Vergiftungserscheinungen:** Übelkeit, Erbrechen, Durchfall. **Erste Hilfe:** Im Zweifelsfall Auskunft bei Giftnotruf.

Morgenländischer Lebensbaum

Thuja orientalis

Zypressengewächse, Cupressaceae. **Merkmale:** Strauch oder Baum bis 10 m Höhe mit schuppenförmigen Blättern. **Vorkommen:** In Europa vielfach angepflanzt. **Gift:** Ätherische Öle mit α- und β-Thujon. **Vergiftungserscheinungen:** Äußerlich: Hautreizung. Innerlich: schwere Reizwirkung auf Magen und Darm, Krampfanfälle, Leber- und Nierenschaden. **Erste Hilfe:** Arzt aufsuchen. **Therapie:** Hautreizung behandeln, nach Einnahme größerer Mengen Erbrechen auslösen oder Magenspülung, Kohlegabe, sonst symptomatisch. Ähnlich ist der Abendländische Lebensbaum *(T. occidentalis)*.

Sadebaum

Juniperus sabina

Zypressengewächse, Cupressaceae. **Merkmale:** Bis 3 m hoher Strauch oder Baum mit niederliegendem Stamm. Die Blätter sind linealisch und an jungen Sträuchern stachelspitzig abstehend, bei älteren meist schuppenartig anliegend und sich dachziegelartig deckend. Die Früchte sind kugelige Beerenzapfen, die einzeln an kurzen Stielen hängen und in der Reife blauschwarz und meist bereift sind. **Vorkommen:** Alpenpflanze in den Gebirgen Mittel- und Südeuropas; auch als Ziergehölz angepflanzt. **Gift:** Ätherisches Öl mit giftigen Substanzen wie Sabinol, Sabinen und anderen Terpenabkömmlingen. **Wirkung:** Heftige Reizwirkung auf der Haut. Innerlich: Übelkeit, Erbrechen, Gastroenteritis mit heftigen, auch blutigen Diarrhöen, Verstärkung der Diurese. **Vergiftungserscheinungen:** Haut- und Schleimhautreizung, Brechdurchfall, Nierenschäden, Krämpfe, Lähmung. **Erste Hilfe:** Arzt aufsuchen. **Therapie:** Bei Einnahme größerer Mengen Erbrechen auslösen oder Magenspülung, Kohlegabe, sonst symptomatisch.

schwach giftig Wacholder

stark giftig Morgenländ. Lebensbaum

stark giftig Sadebaum

Gewöhnliche Waldrebe

Clematis vitalba

Hahnenfußgewächse, Ranunculaceae. **Merkmale:** Ein Kletterstrauch, der bis 15 m lang werden kann, mit meist 5-zählig gefiederten Blättern. Teilblättchen herzförmig. Die gelblichweißen Blüten stehen in Rispen. Früchte mit verlängerten, seidig behaarten Griffeln (siehe Foto). **Vorkommen:** Europa; in Wäldern, Auwäldern und Hecken. **Gift:** Alle Pflanzenteile sind schwach giftig. Sie enthalten als Hauptwirkstoff Protoanemonin. **Vergiftungserscheinungen:** Magen-Darm-Entzündung, Durchfall. **Erste Hilfe:** Reichlich Flüssigkeitsgabe: Auskunft über Giftnotruf einholen. Ähnlich ist die Alpen-Waldrebe *(Clematis alpina)*, die über 2 m hoch hoch wird. Ihre Blätter sind 3-zählig gefiedert. An langen Stielen stehen einzeln die blauvioletten Blüten. Sie wächst in den Alpen bis über 2000 m Höhe, in Nadelwäldern, Auwäldern und an Waldrändern.

Mahonie

Mahonia aquifolium

Berberidaceae, Berberitzengewächse. **Merkmale:** Die Mahonie oder Fieber-Berberitze ist ein wintergrüner Strauch, der bis zu etwa 150 cm hoch wird. Die dunkelgrün glänzenden Blätter sind unpaarig gefiedert, lederartig und am Rand dornig gezähnt. Die gelben Blüten stehen in aufrechten Trauben, die erbsengroßen Beeren sind blau bereift und finden Verwendung zur Herstellung von Gelees, Marmeladen und Fruchtsäften. **Vorkommen:** Heimat Nordamerika; Zierpflanze in Parkanlagen und Gärten. **Gift:** Berberin und mehrere Alkaloide, die im stärkeren Maß in der Wurzel enthalten sind. Alle anderen Pflanzenteile, auch die Beeren, sind nur schwach giftig. **Vergiftungserscheinungen:** Bauchschmerzen und Durchfall. Die meisten bekannten Vergiftungen verliefen harmlos. Im Zweifelsfall Auskunft über Giftnotruf.

schwach giftig Gewöhnliche Waldrebe

schwach giftig Mahonie

Buchs

Buxus sempervirens

Buchsbaumgewächse, Buxaceae. **Merkmale:** Ein bis 4 m hoher, sehr langsam wachsender Strauch, der aber bei mehrhundertjährigem Alter als Baum (Buchsbaum) bis 8 m Höhe erreichen kann. Die lederartigen, immergrünen Blätter sind klein, kurz gestielt, elliptisch, ganzrandig, mit glänzend dunkelgrüner Ober- und hellgrüner Unterseite. Der Buchs blüht im April/Mai gelblichweiß in blattachselständigen Blütenknäueln. Die reifen Früchte sind dreihörnige, schwarzbraune Kapseln, wobei jedes Horn 2 dunkelbraune Samen enthält. **Vorkommen:** In Südeuropa beheimatet, wenige Standorte in Südwestdeutschland; oft angepflanzt als Ziergehölz und Heckenpflanze. **Gift:** In allen Teilen, besonders aber in der Rinde und den Blättern Alkaloide. Vergiftungen selten, aber möglich. **Wirkung:** Zentral erregend, dann lähmend. **Vergiftungserscheinungen:** Erbrechen, Durchfälle, Zittrigkeit, Krämpfe. **Erste Hilfe:** Nach Einnahme größerer Mengen zum Arzt. **Therapie:** Symptomatische Maßnahmen.

Mistel

Viscum album

Leinblattgewächse, Santalaceae. **Merkmale:** Als Weihnachtsschmuck bekannter, immergrüner, kugelförmig wachsender Kleinstrauch mit länglichen, lederartigen, stängellosen Blättern. Vom Herbst bis zum Frühjahr reifen die weißen, erbsengroßen, saftigen Früchte, die schleimig süßlich schmecken. **Vorkommen:** Gesamteuropa. Wächst als Schmarotzer auf Laub- und Nadelbäumen. Mancherorts gehäuft, im Allgemeinen aber selten. **Gift:** In den Blättern und Stängeln toxische Proteingemische, vor allem Viscotoxin. In den Beeren keine Giftstoffe. **Wirkung:** Reizende Wirkung auf die Magen- und Darmschleimhaut. **Vergiftungserscheinungen:** Erbrechen, blutiger Durchfall, Bauchkrämpfe. **Erste Hilfe:** Im Allgemeinen nicht nötig; bei Beschwerden zum Arzt. **Therapie:** Flüssigkeit und Elektrolytausgleich, symptomatische Maßnahmen.

giftig Buchs

giftig Mistel

Pfaffenhütchen

Euonymus europaea

Spindelbaumgewächse, Celastraceae. **Merkmale:** Der auch Pfaffenkäppchen oder Spindelbaum genannte Strauch wird etwa 2–3 m hoch, kann aber auch, als kleiner Baum wachsend, eine Höhe bis 6 m erreichen. Die gegenständig wachsenden, oberseitig dunkelgrünen und an der Unterseite hellgrünen Blätter sind kurz gestielt, eiförmig-spitz und haben einen ungleich gesägten Blattrand. Etwa von Mai bis Juni stehen die unscheinbaren, kleinen, gelblichgrünen Blüten in blattachselständigen Rispen. In Spätsommer und Herbst hängen dann die meist 4-fächerigen roten Fruchtkapseln an den Zweigen, die durch ihre Ähnlichkeit mit dem Kardinalshut der Pflanze ihren deutschen Namen gegeben haben. Bei völliger Reife springen die Kapseln auf; sichtbar werden dann die weißlichen, eiförmigen Samen, die, von einem fleischigen, orangefarbenen Samenmantel umgeben, an der Mittelsäule der Kapsel angeheftet sind und nach dem Aufspringen der Samenkapsel noch einige Zeit hängen bleiben. **Vorkommen:** Fast in ganz Europa; häufig in Laubwäldern, an Waldrändern, in Hecken und Gebüschen der Ebene, im Hügelgelände und im Vorgebirge. Vielfach auch als Ziergehölz in Anlagen; zusammen mit anderen Sträuchern als natürliche Straßenbegrenzung und auch in Anlagen von Schulen und Kindergärten. **Gift:** Im Samen der Pflanze, in den Blättern und auch in der Rinde ist ein Bitterstoff enthalten, außerdem die herzwirksamen Glykoside Evobiosid, Evomonosid und Evonosid. Vergiftungen treten, meist bei Kindern, nach dem Verzehr der auffallenden Früchte auf. **Wirkung:** Bitterstoff brecherregend und Durchfall auslösend. Die Glykoside wirken auf die Herzmuskulatur. **Vergiftungserscheinungen:** Nach Latenz von mehreren Stunden (bis 15 Stunden) Magen-Darm-Beschwerden. Nach Resorption Temperaturerhöhung, Atem- und Kreislaufbeschwerden, Nieren- und Leberschädigung möglich. **Erste Hilfe:** Bei Beschwerden zum Arzt. **Therapie:** Kohlegabe, Abführmittel, sonst Überwachung und symptomatische Therapie; gegebenenfalls Giftentfernung.

giftig Pfaffenhütchen

Eberesche

Sorbus aucuparia

Rosengewächse, Rosaceae. **Merkmale:** Die Eberesche, auch Vogelbeerbaum genannt, wird bis etwa 10 m hoch. Aus 9–19 kleinen, länglich-lanzettlichen, am Rande scharf gesägten kleinen Blättchen sind die Laubblätter zusammengesetzt. Unangenehm riechende kleine weiße Blüten, die in großen Trugdolden stehen, trägt der Baum von Mai bis Juni. Im August beginnen die Früchte, die Vogelbeeren, zu reifen. Sie werden etwa erbsengroß, sind zuerst grün, dann leuchtend gelb bis korallenrot und stehen in großen Büscheln. **Vorkommen:** In fast ganz Europa. In Wäldern und Gebüschen, sowohl auf trockenem als auch auf feuchtem Boden; geht auch im Gebirge bis fast an die Baumgrenze. Häufig in Gärten, Anlagen und an Straßen. **Gift:** Amagdalin, Sorbinsäure und Parasorbinsäure in den Beeren. **Wirkung:** Örtliche Reizwirkung; resorptive Wirkung mit rauschartigem Zustand. Vergiftungen selten, nur nach Aufnahme größerer Mengen frischer Beeren. **Vergiftungserscheinungen:** Erbrechen, Magen-Darm-Entzündung, weite Pupillen, scharlachähnliche Hautausschläge. Durch den Harn wird vermehrt Zucker und Eiweiß ausgeschieden. **Erste Hilfe:** Nur bei Beschwerden zum Arzt. **Therapie:** Nach Einnahme größerer Menge Kohlegabe, sonst symptomatisch.

Zwergmispel-Arten

Cotoneaster-Arten

Rosengewächse, Rosaceae. **Merkmale:** Zahlreiche der aus China und dem Himalaya-Gebiet stammenden *Cotoneaster*-Arten sind in unseren Gärten zu finden. Sie wachsen als Bodendecker oder auch als Strauch bis 3 m Höhe. Die ledrigen Blätter sind rundlich bis länglich zugespitzt, bei manchen Arten auch winterhart und mit behaarter oder filziger Unterseite. Der *Cotoneaster* blüht weiß bis rötlich und trägt rote, selten schwarze, beerenartige Scheinfrüchte. **Gift:** In den Blättern, der Rinde und den Blüten der schwach giftigen Pflanze ist Prunasin und in den Früchten Amygdalin enthalten. **Wirkung:** Durch Verzehr zahlreicher Früchte kann es zu Brennen im Mund oder auch zu Übelkeit, Magen- und Darmbeschwerden kommen. **Erste Hilfe:** Kaum notwendig, im Zweifelsfall Auskunft über Giftnotruf einholen.

schwach giftig Eberesche

schwach giftig *Cotoneaster*-Arten

Kirschlorbeer

Prunus laurocerasus

Rosengewächse, Rosaceae. **Merkmale:** Strauch oder Baum, bis etwa 6 m hoch werdend. Die kurz gestielten Blätter sind oval-länglich, zugespitzt, mit ganzrandigem bis kleingesägtem Blattrand. Sie werden bis 15 cm lang und 4–6 cm breit; ihre Oberseite glänzt dunkelgrün, die Unterseite ist hellgrün, mit hervortretender Mittelrippe. Die zu mehreren in achselständigen Trauben stehenden weißen Blüten entwickeln sich zu ovalen, schwarzen, wachsartig überzogenen Beeren, die im weißen Fruchtfleisch einen glatten Stein enthalten. **Vorkommen:** In fast ganz Europa als Zierstrauch in Parkanlagen, Gärten, Friedhöfen sowie als Hecke. **Gift:** Blausäureglykoside Prunasin und Amygdalin in Blättern und Samen. Im Fruchtfleisch der Beeren sind keine Glykoside enthalten. **Wirkung:** Reizende Wirkung auf Magen-Darm-Schleimhaut, Atem- und Kreislaufstörungen. **Vergiftungserscheinungen:** Erbrechen, Durchfall; rotes Gesicht, Erregung, Kopfschmerzen, Schwindel, verstärkte Atmung, Somnolenz bis Bewusstlosigkeit. **Erste Hilfe:** Bei Symptomen immer in die Klinik. **Therapie:** Nach Verschlucken der Blätter und von mehr als 5 Früchten: primäre Giftentfernung, Kohlegabe. Wirkung der cyanogenen Glykoside beachten und gegebenenfalls wie Blausäurevergiftung behandeln.

Mandel

Prunus dulcis

Rosengewächse, Rosaceae. **Merkmale:** Bis 4 m hoch werdender Strauch oder Baum mit abstehenden Ästen. Die Blätter sind schmal-lanzettlich, mit scharf gesägtem Blattrand. Die länglich-eiförmige Frucht ist in der Reife rotbraun und enthält einen 3–4,5 cm großen Steinkern, der mit vielen Grübchen versehen ist und als Samen die bekannte Mandel birgt. **Vorkommen:** Mittelmeergebiet, wärmeres West- und Mitteleuropa, häufig in Gärten angepflanzt. **Gift:** Cyanogene Glykoside in den Blättern und Früchten der Bittermandel. Nur diese ist ernsthaft gefährlich. **Wirkung:** Reizend auf Magen- und Darmschleimhaut, Störung der Atem- und Kreislauffunktion. **Vergiftungserscheinungen:** Symptome können nur nach größeren Mengen auftreten: Erbrechen, Bauchschmerzen, Angst, Schwindel, Kopfschmerzen, Atemnot mit verstärkter Atmung, Somnolenz bis Bewusstlosigkeit. **Erste Hilfe:** Bei Beschwerden zum Arzt. **Therapie:** Die Wirkung der cyanogenen Glykoside beachten und gegebenenfalls wie Blausäurevergiftung behandeln.

giftig Kirschlorbeer, Früchte

giftig Kirschlorbeer

giftig Mandel

Faulbaum

Rhamnus frangula

Kreuzdorngewächse, Rhamnaceae. **Merkmale:** Der Faulbaum wächst meist als aufrechter Großstrauch, bis zu einer Größe von etwa 4 m. Die oberseits dunkelgrünen, unterseits hellgrünen Blätter werden auf der Sonnenseite rot. Meist hängen zu gleicher Zeit unreife (grüne), halbreife (rote) und vollreife (schwarze) erbsengroße Beeren am Strauch. **Vorkommen:** Ganz Europa. Auf frischen bis anhaltend feuchten Böden, auch Birkenmoore, Bachufer, Wälder. **Gift:** Rhamnoxanthin; in unreifer Frucht Saponin, im Samen Blausäureglykosid, Flavonglykosid, Phenolglykosid. **Wirkung:** Abführend. **Vergiftungserscheinungen:** Übelkeit, Schwindel, Erbrechen, heftige Leibschmerzen, wässrige, auch blutige Durchfälle. In schweren Fällen auch Kollaps und evtl. Nierenschädigung. **Erste Hilfe:** Kaum erforderlich; nur bei Aufnahme größerer Mengen und eintretenden Symptomen Arzt oder Krankenhaus aufsuchen. **Therapie:** Evtl. primäre Giftentfernung, Kohlegabe; bei starken Schmerzen Opiate; Flüssigkeits- und Elektrolytkontrolle; symptomatische Therapie.

Kreuzdorn

Rhamnus cathartica

Kreuzdorngewächse, Rhamnaceae. **Merkmale:** Der Kreuzdorn wächst meist als aufrechter, sperriger Strauch bis zu einer Höhe von 2–3 m, kann aber auch, als Baum wachsend, Höhen bis 8 m erreichen. Die fein kerbig gesagten Blätter wachsen gegenständig. Im Herbst reifen die beerenartigen schwarzen Steinfrüchte; sie werden etwa erbsengroß, haben grünes Fruchtfleisch und schmecken bitter. Die kahlen Zweige des Strauches enden häufig in Dornen. **Vorkommen:** Fast ganz Europa. Auf kalkhaltigen Böden in der Ebene und im Hügelland, in Wäldern und Gebüschen. **Gift:** Samen und Früchte enthalten Glykoside, Rhamnoemodin, Glucosidorhamnosid, Rhamnocathardinglykosid, Shesterin; in der unreifen Frucht Saponin. **Wirkung:** Reizung des Dickdarms, milde abführende Wirkung. **Vergiftungserscheinungen:** Erbrechen mit Durchfall, Nierenreizung, Trockenheit in Mund und Rachen, starkes Durstgefühl. **Erste Hilfe:** Kaum erforderlich; nur bei Aufnahme größerer Mengen und eintretenden Symptomen Arzt oder Krankenhaus aufsuchen. **Therapie:** Nach Aufnahme vieler Früchte Giftentfernung, Kohlegabe, Flüssigkeits- und Elektrolytausgleich, Kontrolle der Nierenwerte.

giftig Faulbaum

giftig Kreuzdorn

Goldregen

Laburnum anagyroides

Schmetterlingsblütler, Fabaceae. **Merkmale:** Baumähnlicher, bis 7 m hoher Strauch mit glatter Rinde. Die dreigeteilten, langstieligen, dunkelgrünen Blätter sind an der Oberseite glatt, an der Unterseite wollig behaart. Von April bis Mai blüht der Goldregen (Bohnenbaum) in langen, reichblütigen Trauben. Etwa ab Juli reifen die Samen in knotigen Hülsen (bohnenähnlich), die anfangs grün und anliegend seidenhaarig sind, später jedoch fast kahl und bräunlichgrau werden. **Vorkommen:** Die ursprüngliche Heimat ist Süd- und Südosteuropa. Er wurde jedoch schon vor Jahrhunderten kultiviert und ist heute bis Südschweden verwildert; häufig in bergigen Gegenden, auf Holzschlägen und bebuschten Hügeln. Wegen seiner Anspruchslosigkeit und seiner herrlichen Blüten in Anlagen, Gärten, Freibädern und leider auch in nächster Umgebung von Schulen und Kindergärten angepflanzt, was leider schon mehrmals die Ursache von Massenvergiftungen war. **Gift:** Cytisin ist hauptsächlich in den Blüten, im Samen und in den Wurzeln enthalten. Die meisten Vergiftungsfälle traten bei Kindern im Vorschulalter auf. Zunächst spielten die Betroffenen meist mit Blüten, Früchten und Samen, kauten dann aber andere Pflanzenteile und verschluckten dieselben. Auch nach dem Kauen an den Zweigen und an der wie Süßholz schmeckenden Wurzel zeigten sich Vergiftungserscheinungen. **Wirkung:** Auf das Zentralnervensystem erst erregend, dann lähmend. **Vergiftungserscheinungen:** Etwa ½–1 Stunde nach Giftaufnahme: Brennen in Mund und Rachen, Übelkeit, Erbrechen, starker Durst, Magen-Darm-Krämpfe, Schweißausbruch, Kopfschmerzen, Kreislaufkollaps, Muskelzuckungen, Krämpfe und Kontrakturstellung der Extremitäten. Bei tödlichen Vergiftungen allgemeine Lähmung, Tod im Kollaps infolge Atemlähmung. Als tödliche Dosis bei Kindern werden 3–4 Früchte bzw. 15–20 Samen angegeben. **Erste Hilfe:** Vorstellung in der Klinik. **Therapie:** Ab mehr als drei Samen primäre Giftentfernung, Kohlegabe, sonst symptomatische Therapie, gegebenenfalls intensivmedizinische Überwachung.

stark giftig Goldregen

Robinie

Robinia pseudoacacia

Schmetterlingsblütler, Fabaceae. **Merkmale:** Auch Falsche Akazie nennt man diesen bis 20 m hohen Baum. Die Blätter sind aus Fiederblättchen unpaarig zusammengesetzt; Fiederblättchen eiförmig bis elliptisch, ganzrandig, mit sattgrüner Oberseite und graugrüner Unterseite. Zweige und junge Äste sind mit paarweise stehenden Dornen besetzt. Von Mai bis Juni trägt der Baum in hängenden, lockeren, reichblütigen Trauben weiße, wohlriechende Blüten. Etwa im Oktober/November reifen dann, in Hülsen hängend, die nierenförmigen Samen, die aber erst im Februar aus den Hülsen fallen. **Vorkommen:** Die aus Nordamerika stammende Robinie ist als Zierbaum, als Forstbaum, aber auch verwildert in ganz Europa anzutreffen. **Gift:** Lektingemisch (Toxalbumine) vor allem in der Rinde, weniger in Samen und Blättern. **Wirkung:** Agglutinierend auf Erythrozyten und gewebszerstörend. **Vergiftungserscheinungen:** Bei Verzehr von Samen durch Kinder Übelkeit, Erbrechen, Bauchschmerzen und Durchfall. Schwere Vergiftungen wurden bei Tieren (Pferde, Rinder) beobachtet nach Einnahme der Rinde: Tachykardie, Koliken, blutige Durchfälle, Mydriasis, Kollaps, Tod. **Erste Hilfe:** Gegebenenfalls zum Arzt. **Therapie:** Bei Einnahme von mehr als fünf Samen primäre Giftentfernung, Kohlegabe, symptomatische Therapie.

Blauregen, Glyzinie

Wistaria sinensis

Schmetterlingsblütler, Fabaceae. **Merkmale:** Der Blauregen oder die Glyzinie ist ein Kletterstrauch, der eine Höhe bis zu 20 m erreicht. Die gefiederten, dunkelgrünen Laubblätter setzen sich aus 7–11 eiförmigen bis lanzettlichen, zugespitzten Fiederblättchen zusammen und werden etwa 30 cm lang. Die hell- oder blauvioletten Blüten hängen in lockeren Trauben und werden ebenfalls etwa 30 cm lang. **Vorkommen:** Die aus China stammende Pflanze wird als Zierstrauch an Häusern und Pergolen angepflanzt. **Gift:** Lektine in der ganzen Pflanze, außerdem das Glykosid Wistarin in der Rinde und in den Wurzeln. **Wirkung:** Reizende Wirkung auf die Magen- und Darmschleimhaut. **Vergiftungserscheinungen:** Wenige Samen führen zu Erbrechen und starkem Durchfall, Schwindel. **Erste Hilfe:** Bei der Einnahme größerer Mengen zum Arzt. **Therapie:** Kohlegabe, sonst symptomatische Therapie; gegebenenfalls primäre Giftentfernung.

giftig Robinie

giftig Blauregen, Blüten

giftig Blauregen, Früchte

Färber-Ginster

Genista tinctoria

Schmetterlingsblütler, Fabaceae. **Merkmale:** 30–60 cm hoher Strauch mit schmalen, elliptischen Blättern. Die goldgelben, schmetterlingsförmigen Blüten wachsen in endständigen Trauben. In der stark abgeflachten Hülse sind 6–8 dunkle, rundliche Samen. **Vorkommen:** Asien, Europa; in lichten Wäldern, an Waldrändern und trockenen Wiesen. **Gift:** In allen Teilen der Pflanze sind Alkaloide, Cytisin (besonders im Samen, hier ist das gleiche Gift wie im Goldregen enthalten), Methylcytisin. Bei Einnahme größerer Mengen sind schwere Vergiftungen zu erwarten. **Vergiftungserscheinungen** bis **Therapie:** Siehe Besenginster.

Besenginster

Sarothamnus scoparius

Schmetterlingsblütler, Fabaceae. **Merkmale:** Im Frühjahr blühender, 1–2 m hoher, spärlich belaubter Strauch. Einzeln oder zu zweit sitzen die großen, gelben Blüten am Stängel. Die Frucht ist eine schwarzbraune Hülse, die zahlreiche Samen enthält. **Vorkommen:** West- und Südeuropa. An sonnigen, felsigen Plätzen, an Wegrändern, auf Sand- und Heidegebieten; angepflanzt. In den Alpen fehlend. **Gift:** Das Alkaloid Spartein. **Wirkung:** Spartein wirkt auf das Zentralnervensystem; periphere Wirkung qualitativ wie Nikotin: Erst erregend, dann lähmend auf die Nervenzellen des vegetativen Systems; hat auch herzberuhigende und kranzgefäßerweiternde Wirkung. **Vergiftungserscheinungen:** Erbrechen, Bauchschmerzen möglich. Nach Einnahme größerer Mengen erweiterte Pupillen, Herzrhythmusstörungen möglich. **Erste Hilfe:** Gegebenenfalls zum Arzt. **Therapie:** Primäre Giftentfernung nach Einnahme größerer Mengen Samen, Kohlegabe, sonst symptomatisch.

Blasenstrauch

Colutea arborescens

Vergiftungen sind durch den gelb blühenden Blasenstrauch kaum bekannt geworden; die Blätter enthalten einen chemisch noch nicht erforschten Bitterstoff. Die in den Schoten reifenden Samen sollen Erbrechen auslösend sein.

giftig Färber-Ginster

giftig Besenginster

schwach giftig Blasenstrauch

Gewöhnlicher Seidelbast

Daphne mezereum

Seidelbastgewächse, Thymelaeaceae. **Merkmale:** Der etwa 30–150 cm hohe Strauch ist einer unserer ersten Frühjahrsblüher. Bei mildem Winter erscheinen schon im Februar, bis zum April, die kleinen 4-zipfeligen, rosaroten bis hellvioletten Blüten, die stark duften und sich vor dem Erscheinen der Blätter entfalten. Erst dann, wenn der Gewöhnliche Seidelbast oder Kellerhals in voller Blüte ist, erscheinen die ersten Blätter. Sie sind lanzettlich, ganzrandig, oberseits hellgrün, unterseits graugrün und sitzen dann, nach dem Abfallen der Blüten, wechselständig an den wenig verzweigten Ästen. Die Fruchtknoten entwickeln sich dann von Juni bis August zu eiförmig-kugeligen, etwa erbsengroßen, zunächst grünen, dann leuchtend roten, fleischigen Steinfrüchten mit stark bitterem, brennendem Geschmack. Wie im Frühjahr die Blüten, so drängen sich im Sommer die Beeren des Seidelbastes an den Zweigen. **Vorkommen:** Europa; im Norden und im Flachland selten. Bevorzugt Hügelland und Bergwald (bis etwa 900 m). Vorwiegend in Laub- und Mischwäldern, aber auch in Nadelwäldern; häufig auch als Zierstrauch. **Gift:** Mezerin, Harz und ätherische Öle sind in allen Pflanzenteilen enthalten. Vergiftungen wurden öfter bei Kindern beobachtet, und zwar nicht nur durch den Verzehr der roten Beeren, sondern auch durch Kauen an den Zweigen bzw. an der Zweigrinde. **Wirkung:** Lokal auf die Haut; resorptiv auf das Zentralnervensystem, Kreislauf und Nieren. **Vergiftungserscheinungen:** Bei Hautkontakt Entzündung der Haut mit Rötung, Schwellung und Blasenbildung; bei längerer Einwirkung ist ein geschwüriger Zerfall der Haut möglich. Bei oraler Aufnahme, wobei es sich meist um Früchte handelt, können folgende Symptome auftreten: brennender und kratzender Schmerz im Mund, Schwellung der Lippen und Mundschleimhaut, Schluckbeschwerden, Speichelfluss, Übelkeit, Erbrechen, Magenschmerzen, Darmkrämpfe mit Durchfall und Durstgefühl. Resorptiv: Kopfschmerzen, Schwindel, Unruhe, erhöhte Körpertemperatur, beschleunigter Puls, Atemnot, Tod im Kollaps. Bei Kindern ist auch das Auftreten von Krämpfen möglich. **Erste Hilfe:** Bei Einnahme mehrerer Beeren frühzeitig zum Arzt. **Therapie:** Nach Einnahme von größeren Mengen Beeren oder Blüten primäre Giftentfernung, Gabe von Kohle und Abführmittel, symptomatische Therapie der Magen-Darm-Symptome und der Hautreizung. Genauso giftig sind noch der Lorbeer-Seidelbast *(D. lauroela)*, dessen Blätter als besonders giftig gelten, das Steinröschen *(D. striata)* und das Heideröschen *(D. cneorum)*.

stark giftig Gewöhnlicher Seidelbast

stark giftig Gewöhnlicher Seidelbast, Früchte

Rotbuche

Fagus sylvatica

Buchengewächse, Fagaceae. **Merkmale:** Mittelgroßer bis großer Baum, der etwa 25–30 m hoch wird. Die Blätter sind spitz-eiförmig, mit welligem, mitunter nach der Spitze zu buchtig gezähntem Rand. Der Baum wächst mit glatter, glänzender Rinde, die zunächst graubraun, dann weißgrau gefleckt und im Alter perlmuttglänzend silbergrau ist. Die Früchte (Bucheckern) sind scharf dreikantig, rotbraun und reifen in einem weichstacheligen, holzigen, zur Reife aufklaffenden Fruchtbecher. **Vorkommen:** Weitverbreiteter Baum der Ebenen und Mittelgebirge. **Gift:** Thermolabiler, reizender Wirkstoff vor allem in den Früchten, außerdem Saponine und Alkaloide. **Wirkung:** Reizende Wirkung auf die Magen- und Darmschleimhaut. **Vergiftungserscheinungen:** Nach dem Genuss von Bucheckern Erbrechen und Durchfall. In schweren Fällen sind Benommenheit, Krämpfe und Lähmungserscheinungen möglich. **Erste Hilfe:** Bei Beschwerden zum Arzt. **Therapie:** Nach Einnahme größerer Mengen Früchte primäre Giftentfernung, Gabe von Kohle und Abführmittel und symptomatische Therapie.

Essigbaum

Rhus typhina

Sumachgewächse, Anacardiaceae. **Merkmale:** Bis 5 m hoch werdender sommergrüner Baum, dessen junge Zweige samtig behaart sind. Die großen, scharf gesägten Blätter sind unpaarig gefiedert. Von Juni bis Juli sieht man seine kegelförmigen, dicht rotbraun beschuppten Blütenrispen aufrecht auf den Zweigen stehen. Im Herbst zeigen die Blätter dieses Baumes eine Farbenpracht, die wesentlich zu seiner Beliebtheit beigetragen hat. **Vorkommen:** Nordamerika. Häufig als Zierpflanze in Gärten, aber auch verwildert anzutreffen. **Gift:** Der Essigbaum ist nur schwach giftig und daher ungefährlich.

Erwähnenswert sind noch der ebenfalls nur schwach giftige Perückenstrauch *(Cotinus coggygria)* und der wesentlich giftigere Giftsumach oder Giftefeu *(Rhus toxicodendron)* aus Nordamerika, der fast ausschließlich in botanischen Gärten zu finden ist. **Vergiftungserscheinungen** (alle Angaben beziehen sich auf den Giftsumach!): Nach Hautkontakt starke Rötung, Schwellung, Blasenbildung, Schmerzen und starker Juckreiz. Nach Verschlucken heftige schleimhautreizende Wirkung zu erwarten. **Therapie:** Im Vordergrund steht die symptomatische Therapie der Hautveränderungen.

schwach giftig Rotbuche

schwach giftig Essigbaum

Rosskastanie

Aesculus hippocastanum

Rosskastaniengewächse, Hippocastanaceae. **Merkmale:** Bis 20 m hoher Baum, weit ausladend mit reich belaubter Krone. Die dunkelgrünen, lang gestielten, bis 20 cm langen Blätter sind gegenständig, gefingert, mit 5–7 sitzenden Fiedern, wobei jedes Fiederblatt verkehrt-eiförmig, oben zugespitzt und ungleich gekerbt bzw. gesägt ist. In den Monaten Mai und Juni zeigt sich der Baum in wunderbarer Blütenpracht: weiße Blüten mit gelbem bis rotem Saftmal in großen, aufrechten Rispensträußen, die im Volksmund als »Kerzen« bezeichnet werden. Während dieser Zeit hat der eigentlich für uns wertlose Baum den einzigen Nutzen: als Nektarspender für unsere Bienen. Im Herbst reifen dann in einer grünen, weichen, mit Stacheln versehenen Hülle, glänzend rotbraune große Samen mit einem grauweißen Nabelfleck. Bei völliger Reife der Samen springt die Hülle auf und die Kastanien fallen zu Boden. Verwendung finden sie als Nahrung für unsere Waldtiere; auch in einigen pharmazeutischen Betrieben werden Kastanien noch zur Verarbeitung angenommen. **Vorkommen:** Ursprünglich in den Balkanländern beheimatet, wurde der Baum in Zentral- und Südeuropa eingeführt und ist nun weit verbreitet und überall anzutreffen; als Zierbaum in Anlagen, als Alleebaum und als Schattenspender in Wirtschaftsgärten. **Gift:** Die unreifen Früchte und ihre grünen Schalen, vermutlich auch die Zweige enthalten Saponine. Vergiftungen durch den Genuss der Rosskastanie sind äußerst selten. Das Aufbeißen der Schale oder das Zerbeißen einer Frucht führt keinesfalls zu einer Vergiftung. **Wirkung:** Saponine werden nur in geringerem Grade resorbiert. Bei Entzündung des Magen-Darm-Trakts ist jedoch die Resorption erhöht. Saponin wirkt lokal reizend; Auflösung roter Blutkörperchen (Hämolyse). **Vergiftungserscheinungen:** Reizende Wirkung auf Magen- und Darmschleimhaut. Die Einnahme größerer Mengen kann eine Auflösung der roten Blutkörperchen (Hämolyse) bewirken. Symptome: Erbrechen, Durchfall; in der älteren Literatur wird berichtet über Unruhe, Verwirrtheitszustände, gerötete Gesichtshaut, erweiterte Pupillen. **Erste Hilfe:** Bei Beschwerden zum Arzt. **Therapie:** Nach Aufnahme größerer Mengen stationäre Überwachung, symptomatische Therapie.

giftig Rosskastanie

giftig Rosskastanie, Früchte

Alpenrose

Rhododendron ferrugineum

Heidekrautgewächse, Ericaceae. **Merkmale:** Die Alpenrose wächst als vielblättriger Strauch bis etwa 1 m Höhe. An ihren Zweigen stehen eiförmige, immergrüne ledrige Blätter mit dunkelgrüner Oberseite und mit rostbraunen Drüsenschuppen besetzter Unterseite. Die lang gestielten, dunkelroten Blüten werden in Doldentrauben gebildet. **Vorkommen:** In der gesamten Alpenkette über 1000 bis 2800 m Höhe. Vergiftungen können auch durch die Bewimperte Alpenrose *(Rhododendron hirsutum)* im Bereich des Möglichen liegen. **Gift:** In den Blättern und Blüten Grayanotoxine (toxische Diterpene). Der Hauptwirkstoff ist Acetylandromedol. **Wirkung:** Schleimhautreizende Wirkung. Der Honig aus Blüten einiger Rhododendronarten ist wegen des Gehaltes an Diterpenen giftig: Es kann zu Herz-Kreislauf-Störungen kommen. **Vergiftungserscheinungen:** Übelkeit, Erbrechen, Bauchkrämpfe, Durchfall, Muskelzittern. Nach Genuss von Honig kommt es nach einer Latenz von 1–5 Stunden zur Blutdruckerniedrigung, zu verlangsamtem Herzschlag und Herzrhythmusstörungen. **Erste Hilfe:** Bei Beschwerden ist eine Behandlung in der Klinik erforderlich. **Therapie:** Primäre Giftentfernung, immer stationäre Überwachung und symptomatische Therapie.

Rhododendron-Arten

Rhododendron spec.

Auch die Vielzahl der gezüchteten Rhododendron-Arten in Gärten und Parks können Vergiftungserscheinungen ähnlich der Alpenrose hervorrufen. Im Zweifelsfall Giftnotruf anrufen.

Rosmarinheide

Andromeda polifolia

Heidekrautgewächse, Ericaceae. **Merkmale:** Bis 30 cm hoch werdender Strauch mit lederartigen, lineal-lanzettlichen Blättern. Die kugelig-glockigen Blüten sind rosarot bis weiß und sitzen auf langen, rosaroten Stielen. Die Früchte sind 5-fächerige kugelige vielsamige Kapseln. **Vorkommen:** Mittel-, Nord- und Osteuropa, im Süden nur in höheren Lagen, Nordamerika, Asien. In Sümpfen und Torfmooren. **Gift:** Die Blätter und Blüten enthalten Andromedotoxin und Iridoidglykoside. **Vergiftungserscheinungen:** Brennen im Mund, Speichelfluss, Schluckbeschwerden, Schwindel, rauschartige Zustände, schwacher Puls, Atemnot. **Erste Hilfe:** Sofort in die Klinik. **Therapie:** Giftentfernung durch indiziertes Erbrechen oder Magenspülung, Gabe von Kohle, evtl. intensivmedizinische Überwachung.

stark giftig Rostblättrige Alpenrose

giftig Rhododendron

giftig Rosmarinheide

Rauschbeere

Vaccinium uliginosum

Heidekrautgewächse, Ericaceae. **Merkmale:** Der kleine Strauch kann bis 1 m hoch werden und ähnelt mit seinen braunen, runden Zweigen der Heidelbeere, die jedoch kleiner ist und kantige grüne Zweige hat. Die vielsamigen, blau bereiften Früchte sind größer als Heidelbeeren, kugelig oder birnenförmig und enthalten einen farblosen Saft mit fadem süß-säuerlichem Geschmack. Die Rauschbeere wird regional auch Trunkelbeere genannt. **Vorkommen:** Nordeuropa in Mooren, moorigen Wäldern und Hochgebirgsheiden. **Gift:** Die Blätter enthalten Hyperosid, Ursolsäure und andere organische Säuren. In den Beeren ist der Wirkstoff nicht bekannt. **Wirkung:** Auf das Zentralnervensystem, schleimhautreizende Wirkung. **Vergiftungserscheinungen:** Die Verwechslung mit der essbaren Heidelbeere verursacht Übelkeit, Erbrechen, Schwindel, weite Pupillen, Benommenheit bis Rauschzustand. **Erste Hilfe:** Bei ausgeprägten Beschwerden zum Arzt. **Therapie:** Gabe von Kohle und Laxans, sonst symptomatische Therapie.

Schwarze Krähenbeere

Empetrum nigrum

Heidekrautgewächse, Ericaceae. **Merkmale:** Die Krähenbeere ist ein niederliegender, reich verästelter, bis etwa 50 cm groß werdender Strauch mit nadelförmigen glänzenden Blättern, die etwa 4–6 mm lang werden und unterseits eine weiße Rinne haben. Die Früchte sind erbsengroße kugelige Beeren, die schwarz glänzen und einzeln in den Blattachseln sitzen. Sie beinhalten mehrere kleine Steinkerne, einen roten Saft und schmecken sauer. **Vorkommen:** In Deutschland verbreitet an den Küsten auf Dünen und Inseln, auf Torfmooren, Heiden, in den meisten Mittelgebirgen und den Alpen. **Gift:** Ursolsäure, Rutin, Quercetin. **Wirkung:** Keine Vergiftungen nach dem Genuss von Beeren vorgekommen. **Vergiftungserscheinungen:** Die Beeren sind essbar. Bienenhonig von *Empetrum* kann Magen-Darm-Beschwerden hervorrufen. **Erste Hilfe:** Keine. Im Zweifelsfall Giftnotruf!

schwach giftig Rauschbeere

schwach giftig Schwarze Krähenbeere

Kleines Immergrün

Vinca minor

Immergrüngewächse, Apocynaceae. **Merkmale:** Am Boden kriechender Zwergstrauch, bis 60 cm lang. Die immergrünen Blätter sind lederartig, oval, gegenständig. Die hellblaue fünfblättrige Blüte wächst gestielt aus den Blattachseln. **Vorkommen:** In lichten Wäldern und Gebüschen Süd- und Mitteleuropas. Häufig als Bodendecker in Gärten. **Gift:** In allen Pflanzenteilen Alkaloide, Vincamin, Eburnamenin. **Vergiftungserscheinungen:** Bei Aufnahme größerer Mengen kann eine Blutdrucksenkung eintreten; auch mit Herz-, Kreislauf- und Atembeschwerden ist zu rechnen. **Erste Hilfe:** Kaum notwendig, im Zweifelsfall Auskunft beim Giftnotruf einholen.

Bocksdorn

Lycium barbarum

Nachtschattengewächse, Solanaceae. **Merkmale:** Der 1–3 m hohe Strauch besitzt dünne, rutenförmige, meist bogig herabhängende, oft dornige Zweige und Äste. Von August bis Oktober gelangt die Frucht, eine scharlachrote, länglich-eiförmige, vielsamige Beere, zur Reife. **Vorkommen:** Vermutlich aus Asien stammend; in ganz Europa verbreitet. Wird häufig als Heckenpflanze verwendet. **Gift:** Das Alkaloid Hyoscyamin. **Wirkung:** Parasympatholytische Wirkung. **Vergiftungserscheinungen:** Ähnlich wie bei der Tollkirschenvergiftung: Mundtrockenheit, weite Pupillen, Pulsbeschleunigung, Erregung bis Tobsucht. **Erste Hilfe:** Bei auftretenden Beschwerden zum Arzt. **Therapie:** Gabe von Kohle und Abführmittel. Bei stark ausgeprägter Symptomatik evtl. Gabe von Physostigmin (Anticholium®) und Benzodiazepinen; gegebenenfalls primäre Giftentfernung.

Engelstrompete

Brugmansia suaveolens

Nachtschattengewächse, Solanaceae. **Merkmale:** Strauch, der über 4 m hoch werden kann, mit eiförmigen Blättern, die wechselständig angeordnet sind und deren Rand gewellt ist. Die großen trompetentrichterförmigen Blüten sind weiß, aber auch gelbrot, werden 20 bis 30 cm lang und hängen nach unten. **Vorkommen:** Brasilien; bei uns verbreitet als Zierpflanze/Kübelpflanze. **Gift** bis **Therapie:** Wie Stechapfel.

schwach giftig Kleines Immergrün

giftig Bocksdorn

giftig Engelstrompete

Stechpalme

Ilex aquifolium

Stechpalmengewächse, Aquifoliaceae. **Merkmale:** Die Stechpalme oder Hülse wächst als Strauch oder Baum und wird meist nicht größer als 6 m, kann aber ein mehrhundertjähriges Alter erreichen, einen Stamm von 50 cm Dicke und eine Höhe von über 10 m erlangen. Die wechselständig stehenden, immergrünen, ledrigen Blätter sind bis 8 cm lang und 4 cm breit. Ihre Unterseite ist hellgrün, die Oberseite dunkelgrün glänzend. Am Rande sind die elliptischen bis eiförmigen Blätter meist wellig gebogen und, hauptsächlich an den unteren Zweigen, dornig gezähnt, sodass der Blattrand stachelspitzig wird. An den oberen Zweigen werden die Blattränder glattrandig. Von Mai bis Juni sieht man die kleinen weißen, unscheinbaren Blüten mit ihren 4 Blütenblättern in den Blattwinkeln der Pflanze. Die kugeligen bis eiförmigen Steinfrüchte werden etwas über erbsengroß, reifen im Herbst, sind zunächst grün, dann korallenrot. Sie überdauern den Winter und sitzen noch im Frühjahr am Stängel. In diesen würzig schmeckenden Beeren sind 4–5 harte, einsamige Steinkerne. **Vorkommen:** Mittelmeergebiet, Mitteleuropa, in den Alpen bis zu einer Höhe von 1200 m. In Deutschland hauptsächlich im Westen verbreitet. Wegen ihrer Anspruchslosigkeit an den Boden auch häufig als Zierstrauch in Gärten, in Anlagen und auf Friedhöfen. **Gift:** Hauptsächlich in den Blättern und in den Früchten ist das Alkaloid Theobromin enthalten, außerdem ein Glykosid mit Saponin-Eigenschaften sowie Farbstoffe (Ilixanthin, Rutin). Hauptsächlich bei Kindern sind durch den Genuss der beerenähnlichen Früchte Vergiftungen möglich. **Wirkung:** Harntreibend, anregend auf die Verdauung. **Vergiftungserscheinungen:** Erkrankung des Magen-Darm-Trakts mit Erbrechen und heftigen Durchfällen, Schläfrigkeit. **Erste Hilfe:** Bei Beschwerden zum Arzt. **Therapie:** Stationäre Überwachung, Giftentfernung nur nach Einnahme größerer Mengen der Beeren erforderlich.

giftig Stechpalme

Liguster

Ligustrum vulgare

Ölbaumgewächse, Oleaceae. **Merkmale:** Der wintergrüne, auch Rainweide oder Tintenbeerbaum genannte, reich verzweigte Strauch wird kaum höher als 4 m. Die kurz gestielten Blätter wachsen gegenständig oder zu dritt im Quirl; sie sind oberseits dunkelgrün, mit heller Unterseite, im Herbst oft violett. Stark riechende Blüten (Juni bis Juli) stehen an endständigen Rispen. Die Früchte sind kugelige, etwa erbsengroße Steinbeeren, die glänzend schwarz werden; sie schmecken unangenehm bitter und hängen oft bis zum nächsten Frühjahr am Strauch. **Vorkommen:** Europa, im Norden selten. Häufig in lichten Wäldern und Gebüschen; sehr oft auch in Anlagen oder zur Garteneinzäunung bzw. als Straßenbegrenzung. **Gift:** Farbstoff Ligulin; in den Blättern und der Rinde das Glykosid Ligustrin; in der Rinde die Bitterstoffe Syringopicrin und Ligustron. Durch Aufnahme der Beeren wurden bei Kindern mehrfach Vergiftungen bekannt; es sind sogar solche mit Todesfolge beschrieben. **Wirkung:** Kapillargift; lokal reizend. **Vergiftungserscheinungen:** Nach oraler Aufnahme größerer Mengen schwere Magen- und Darmbeschwerden mit heftigem Erbrechen, starken Durchfällen, Krämpfen und Kreislauflähmung möglich. Lokal: Hautreizung. **Erste Hilfe:** Bei Beschwerden zum Arzt. **Therapie:** Primäre Giftentfernung, Kohlegabe, symptomatische Therapie.

Gewöhnlicher Schneeball

Viburnum opulus

Moschuskrautgewächse, Adoxaceae. **Merkmale:** Als Strauch oder kleiner Baum wachsend, wird der Gewöhnliche Schneeball 2–4 m groß. Die breiten, 3–5-lappigen Blätter sind denen des Ahorns ähnlich. Von Mai bis Juni stehen die weißen Blüten in lockeren Scheindolden. Die Früchte sind etwa erbsengroß, rundlich-eiförmige Steinbeeren, die im Spätsommer reifen, dann glänzend rot sind und bis zum Winter an den Zweigen hängen. **Vorkommen:** Ganz Europa. Von der Ebene bis in die Alpen (bis 1000 m), an Waldrändern und Ufern von Bächen, Flüssen und Seen; immer wieder auch als Ziergehölz in Anlagen und Gärten zu finden. **Gift:** Bitterstoff Viburnin sowie Saponin und Gerbstoffe in der Frucht, in Rinde und Blättern enthalten. **Wirkung:** Reizung der Magen- und Darmschleimhaut. **Vergiftungserscheinungen:** Heftiges Erbrechen und Durchfall mit Kollapsneigung. **Erste Hilfe:** Bei auftretenden Beschwerden immer zum Arzt gehen. **Therapie:** Nach Einnahme größerer Menge Beeren Magenentleerung, symptomatische Therapie.

giftig Liguster

giftig Liguster

giftig Gewöhnlicher Schneeball

Wolliger Schneeball

Viburnum lantana

Moschuskrautgewächse, Adoxaceae. **Merkmale:** Als Strauch wachsend, wird der Wollige Schneeball etwa 2–4 m hoch. Die großen, eiförmigen Blätter sind am Rand gesägt und fühlen sich beiderseits rau an. In dichten, gewölbten Trugdolden stehen die kleinen, weißen, wohlriechenden Blüten von Mai bis Juni. Etwa erbsengroß, aber eiförmig und platt gedrückt sind die Früchte des Schneeballs, die etwa ab Juli bis Oktober reifen. Oft sind an einer Dolde grüne, rote und schwarze (reife) Beeren; sie beinhalten einen flachen Steinkern und schmecken süßlich-schleimig. **Vorkommen:** Europa, im Norden fehlend. In lichten Wäldern des Hügellandes und des Gebirges, in den Alpen bis 1400 m, an Waldrändern, in Gebüschen; häufig auch als Anpflanzung in Anlagen, Gärten und an Straßen. **Gift:** Der Bitterstoff Viburnin sowie Saponin, Gerbstoff und Pectin in der Frucht, in Rinde und Blättern. **Wirkung:** Reizung des Magen-Darm-Trakts. **Vergiftungserscheinungen:** Magen-Darm-Entzündung mit Erbrechen und Durchfall. **Erste Hilfe:** Keine Gefahr; bei Aufnahme großer Mengen (Beeren) und bemerkbaren Vergiftungserscheinungen Arzt aufsuchen. **Therapie:** Magenentleerung nach Einnahme größerer Mengen Beeren, Kohlegabe und stationäre Überwachung.

Schwarzer Holunder

Sambucus nigra

Moschuskrautgewächse, Adoxaceae. **Merkmale:** Der Holler oder Holder wächst als Baum oder Strauch bis zu einer Höhe von etwa 8 m. Die Rinde ist hellbraun-rissig, das Mark der Äste weiß. Im Juni/Juli trägt der Baum cremeweiße, stark riechende, in weißen Trugdolden angeordnete Blüten. Die zunächst grünen, dann rötlichen und letztendlich schwarzen Früchte reifen von August bis Oktober. **Vorkommen:** Gesamteuropa; in Wäldern, Schluchten, Gebüschen, an schattigen Stellen, in Gärten und Anlagen. **Gift:** In der unreifen Frucht Blausäureglykosid (Sambucin), in der reifen Frucht organische Säuren, Gerbstoffe, ätherisches Öl. **Wirkung:** Brechreizend und abführend. **Vergiftungserscheinungen:** Treten nur auf, wenn große Mengen der reifen Früchte frisch vom Strauch gegessen werden oder wenn aus ungekochten Beeren Fruchtsaft gepresst und getrunken wird. Es kommt zu Magenbeschwerden, Erbrechen, Schüttelfrost und Durchfällen. **Erste Hilfe:** Bei Beschwerden immer zum Arzt. **Therapie:** Kohlegabe, Flüssigkeits- und Elektrolytausgleich, Überwachung und symptomatische Therapie.

giftig Wolliger Schneeball

giftig Schwarzer Holunder

Roter Holunder

Sambucus racemosa

Moschuskrautgewächse, Adoxaceae. **Merkmale:** Der Rote Holunder oder Trauben-Holunder wächst als Strauch, selten als Baum und wird bis zu 4 m hoch. Er sieht ähnlich aus wie der Schwarze Holunder, hat jedoch leuchtend scharlachrote Beeren; sie hängen dicht gedrängt zu vielen in eiförmigen Rispen. **Vorkommen:** Mittel- und Südeuropa; in Berg- und Auwäldern, auf Lichtungen, Kahlschlägen, in Steinbrüchen, im Unterholz und Gebüsch. **Gift:** Im Samen schleimhautreizender Wirkstoff, Blausäure in geringen Mengen, Pectine, Gerbstoff, Carotinoide. **Wirkung:** Brechreizend und abführend. **Vergiftungserscheinungen:** Schmerzen im Mund, Übelkeit, Erbrechen, Durchfälle, Leibschmerzen, Kopfschmerzen, Schwindel. **Erste Hilfe** bis **Therapie:** Siehe Zwerg-Holunder.

Schneebeere

Symphoricarpos albus

Geißblattgewächse, Caprifoliaceae. **Merkmale:** Der sommergrüne, mit rutenförmigen Zweigen wachsende Strauch wird selten höher als 2 m. Die gegenständig stehenden Blätter sind kurz gestielt, elliptisch und ganzrandig. Weiß-rosa sind die kleinen, glockigen Blüten, die von Juni bis August in endständigen Trauben blühen. Vom Spätsommer bis in den Winter hängen dann die Früchte zu mehreren in endständigen Knäueln am Strauch: schneeweiße, kugelige, 1–1,5 cm große Beeren (»Knacksbeeren« oder »Knallerbsen«) mit kleiner, schwarzer Kelchnarbe, die je 2 kleine Kerne in ihrem weißlichen, saftigen Fleisch beinhalten. **Vorkommen:** Europa. In Gebüschen, meist jedoch als Zierstrauch in Anlagen und Gärten. **Gift:** In den weißen Beeren sind Saponin und ein noch nicht erforschter, stark reizender Hauptwirkstoff enthalten. **Wirkung:** Haut- und schleimhautreizend. **Vergiftungserscheinungen:** Nach äußerer Einwirkung Reizerscheinungen bzw. Entzündungen der Haut und Schleimhäute. Nach Einnahme der Beeren Reizwirkungen auf den Magen-Darm-Kanal mit Erbrechen und Durchfall; größere aufgenommene Mengen können zu Verwirrtheit führen, in schweren Fällen sogar zu tiefer Bewusstlosigkeit. **Erste Hilfe:** Nicht erforderlich; bei Auftreten der beschriebenen Symptome Arzt aufsuchen. **Therapie:** Bei innerlicher Aufnahme eventuell Magenspülung, Mucilaginosa, Kreislaufüberwachung, Rehydration.

giftig Roter Holunder

giftig Schneebeere

Gewöhnliche Heckenkirsche

Lonicera xylosteum

Geißblattgewächse, Caprifoliaceae. **Merkmale:** Der wegen seiner Früchte auch Rote Heckenkirsche genannte Strauch wächst reich verzweigt und wird 1–2 m groß. Die flaumig behaarten Blätter sind ganzrandig, breit eiförmig, meist spitz und wachsen gegenständig, mit kurzem Stiel. Paarweise stehen die gelblichweißen Blüten. Im Spätsommer stehen die kugeligen, fast erbsengroßen, scharlachroten, glänzenden Früchte stets paarweise (am Grunde zusammengewachsen) an langen Stielen. Die Beeren schmecken unangenehm, bitter. **Vorkommen:** Europa. Häufig als Unterholz des Laub- und Mischwaldes, an Waldrändern; oft als Ziergehölz in Anlagen. **Gift:** In der Beere Xylostein und Gerbstoff. Vergiftungen öfter bei Kindern; auch Massenvergiftungen bei Schulausflügen sind vorgekommen. **Wirkung:** Reizend auf den Verdauungstrakt. **Vergiftungserscheinungen:** Erbrechen, Durchfall, Leibschmerzen, Gesichtsröte, Erweiterung der Pupillen. **Erste Hilfe:** Bei oraler Aufnahme weniger Früchte besteht keine Vergiftungsgefahr. Bei Aufnahme größerer Mengen ist ärztliche Behandlung notwendig. **Therapie:** Kohlegabe, Überwachung und symptomatische Therapie.

Alpen-Heckenkirsche

Lonicera alpigena

Merkmale: Bis 150 cm hoher Strauch mit elliptischen Blättern. Die erbsengroßen Früchte sind rundlich-eiförmig; 2 Beeren an einem Stiel, meist als Doppelbeere wachsend. **Vorkommen:** Steht in Wäldern und Gebüschen; im Gebirge bis 1600 m. **Vergiftungserscheinungen:** In der Literatur als schwach giftig bzw. als giftverdächtig beschrieben. Da es jedoch keine genaueren Angaben über Inhaltsstoffe, Wirkung und Symptome, auch nicht über evtl. bekannt gewordene Vergiftungen gibt, kann davon ausgegangen werden, dass der Verzehr einer großen Anzahl von Früchten notwendig ist, um Vergiftungserscheinungen hervorzurufen. **Erste Hilfe:** Nicht erforderlich; im Zweifelsfall Arzt aufsuchen. **Therapie:** Magenspülung, Kohle; sonst symptomatisch.

Schwarze Heckenkirsche

Lonicera nigra

Merkmale: 60–150 cm hoher Strauch; die Beeren sitzen paarweise am gemeinsamen langen Stiel, sind etwa erbsengroß und blauschwarz glänzend, bereift. **Vorkommen:** Wächst in schattigen Bergwäldern, im Gebirge bis 1600 m. Ziemlich selten.

giftig Gewöhnliche Heckenkirsche

giftig Gewöhnliche Heckenkirsche

schwach giftig Alpen-Heckenkirsche

schwach giftig Schwarze Heckenkirsche

Wohlriechendes Geißblatt

Lonicera caprifolium

Merkmale: Auch »Jelängerjelieber« genannter, windender Kletterstrauch bis etwa 4 m Höhe. In Quirlen zu 6 sitzen auf den Blatttellern orangerote, erbsengroße Beeren. **Vorkommen:** In Hecken und Gebüschen, an Waldrändern und in Gärten als Laubenpflanze vorkommend. **Vergiftungserscheinungen** bis **Therapie:** Siehe Alpen-Heckenkirsche (S. 128).

Wald-Geißblatt

Lonicera periclymenum

Merkmale: Auch Wildes oder Deutsches Geißblatt nennt man diesen rechtswindenden Klimmstrauch mit über 5 m lang werdenden Trieben. Die dunkelroten, erbsengroßen Beeren sitzen zu mehreren dicht gedrängt am Zweigende. **Vorkommen:** In lichten Wäldern, an Waldrändern und Hecken. **Vergiftungserscheinungen** bis **Therapie:** Siehe Alpen-Heckenkirsche (S. 128).

Efeu

Hedera helix

Efeugewächse, Araliceae. **Merkmale:** Der Efeu ist eine immergrüne Holzpflanze, die mit Hilfe von Haftwurzeln klettert. Die dunkelgrünen, lederartigen und glänzenden Blätter weisen verschiedene Formen auf; so sind z. B. die Blätter der Blütentriebe eiförmig oder rautenförmig, während die Blätter der Laubtriebe 3–5-lappig sind. Die in dichten, halbkugeligen Dolden angeordneten kleinen, gelblichgrünen oder weißlichen Blüten sind leicht zu übersehen. Sie erscheinen im Oktober und November. Die ungenießbaren, harten Früchte – blauschwarze, kugelige, etwa erbsengroße Beeren – reifen im Frühjahr. **Vorkommen:** In ganz Europa überall häufig; in Wäldern, an Felsen, Mauern, Zäunen und als Zierpflanze. **Gift:** Die Stängel, Blätter und Beeren des Efeus enthalten Saponine, darunter Hederin. Vergiftungen durch Pflanzenteile sind bei Erwachsenen noch nicht bekannt geworden. Jedoch wurden bei Kindern, die Beeren gegessen hatten, schwere Vergiftungen beobachtet. Diese Fälle sind aber äußerst selten; die Beeren schmecken sehr bitter, sodass den Kindern nach einer »Kostprobe« meist der Appetit vergeht. **Wirkung:** Reizung der Magen- und Darmschleimhaut. **Vergiftungserscheinungen:** Nach Verschlucken Erbrechen und Durchfall; größere Mengen können Krampfanfälle zur Folge haben. Der Hautkontakt kann zu Hautausschlag führen. **Erste Hilfe:** Gegebenenfalls zum Arzt. **Therapie:** Meistens sind symptomatische Maßnahmen ausreichend.

schwach giftig Wohlriechendes Geißblatt

schwach giftig Wald-Geißblatt

giftig Efeu

giftig Efeu, Früchte

Zimmerpflanzen

Wenn in dieses Buch Zimmerpflanzen aufgenommen wurden, so geschah dies weniger wegen deren Giftigkeit, sondern vielmehr wegen der sich häufenden Zahl der Anrufe bei Giftnotrufzentralen. Meist sind es besorgte Eltern aus Angst um ihre Kinder, die ja in einem bestimmten Alter alles Mögliche in den Mund stecken und darauf herumkauen. Generell kann man sagen, dass Vergiftungen durch Zimmerpflanzen relativ selten sind. Auf den folgenden Seiten finden Sie diejenigen, die am ehesten gefährlich sind.

Alpenveilchen

Cyclamen persicum

Primelgewächse, Primulaceae. Unzählige Züchtungen haben das Alpenveilchen zu einer der beliebtesten Topfpflanzen werden lassen. In unterschiedlicher Größe und mannigfaltigen Blütenformen und -farben weicht es stark von seinen Vorfahren aus den Bergen des Mittelmeerraumes ab. In den Pflanzenteilen, hauptsächlich in den frischen Knollen, sind Saponine und als giftiger Hauptbestandteil das Glykosid Cyclamin enthalten. Bei Aufnahme kleinerer Mengen können Übelkeit, Erbrechen, Magenschmerzen und Durchfälle auftreten; bei größeren Mengen sehr heftige gastrointestinale Erscheinungen, Schwindel, Schweißausbrüche, Krämpfe, später Lähmungen. **Therapie:** Nach Verschlucken erbrechen lassen oder Magenspülung, Kohlegabe und Abführmittel; bei Unruhe und Krämpfen Sedativa. Beachtung verdient die Behandlung von Kreislaufschädigung und Atmung.

Becherprimel

Primula obconica

Primelgewächse, Primulaceae. Auch »Giftprimel« nennt man diese aus China stammende Staude. Sie ähnelt im Aussehen unserer heimischen Schlüsselblume und ist in vielen Farbtönen auf dem Markt. Die Primel enthält im Sekret der Drüsenhaare das Gefäßgift Primin, das schon bei bloßer Berührung der samtigen Blätter die bekannte Primeldermatitis – Rötung der Haut, starker Juckreiz und Bläschenbildung – auslösen kann. Maßnahmen: sofortiges Abwaschen mit warmem Wasser.

Dieffenbachie

Dieffenbachia-Hybriden

Aronstabgewächse, Araceae. Die einzelnen Arten der aus dem tropischen Regenwald stammenden und nun als *Dieffenbachia*-Hybriden nachgezüchteten Pflanzen unterscheiden sich mehr oder weniger durch die Musterung ihrer Blätter. In allen Teilen der Pflanze sind Calciumoxalat, Oxalsäure und cyanogene Glykoside. Nach dem Kauen der Blätter können auftreten: Brennen der Lippen und der Zunge, Schluckbeschwerden und Erschwerung des Sprechens durch Schwellungen im Mund-Rachen-Raum. **Therapie:** Behandlung der Verätzungs- und Reizerscheinungen; bei oraler Aufnahme reichliche Flüssigkeitsgabe, evtl. Magenspülung. Schwach giftig sind noch die Aronstabgewächse Buntwurz (*Caladium-Bicolor*-Hybriden), das Einblatt *(Spathiphyllum wallisii)* und die Efeutute *(Epipremnum pinnatum)*.

giftig Alpenveilchen

schwach giftig Becherprimel

schwach giftig Dieffenbachie

Flamingoblume

Anthurium-Hybriden

Aronstabgewächse, Araceae. Aus den tropischen Regenwäldern Amerikas stammt die großblättrige Flamingoblume. Charakteristisch ist bei den weißen oder roten Blüten ihr wachsartiger Überzug. Die Pflanze enthält einen unbekannten Scharfstoff und Saponine, die Reizwirkungen auf Haut und Schleimhaut auslösen können. Bei oraler Aufnahme kann es zu Erbrechen kommen. **Therapie:** Siehe Dieffenbachie (S. 134).

Philodendron und Fensterblatt

Philodendron-Hybriden und *Monstera deliciosa*

Aronstabgewächse, Araceae. Während die Blätter der *Philodendron*-Arten sehr stark variieren, sowohl in der Größe als auch in der Form, ist das Fensterblatt mit seinen großen fiederlappigen Blättern kaum zu verwechseln; bei Letzterem hat sich immer noch die alte botanische Bezeichnung »Philodendron« im Sprachgebrauch erhalten.
Hauptsächlich in ihren Wurzeln enthalten die Pflanzen einen unbekannten Scharfstoff, der auf der Haut und Schleimhaut Reizwirkungen hervorruft. Auch bei diesen Arten kann es bei oraler Aufnahme zu Erbrechen kommen. **Therapie:** Siehe Dieffenbachie (S.134).

Oleander

Nerium oleander

Hundsgiftgewächse, Apocynaceae. Der im Mittelmeerraum beheimatete Strauch mit seinen duftenden, weißen, rosa oder roten Blüten wird bei uns als Zimmerpflanze, aber auch als Strauch in Gärten gehalten. Der Oleander beinhaltet in allen Pflanzenteilen herzwirksame Glykoside und Alkaloide. Innerlich aufgenommen kann es zu Kopfschmerzen, Übelkeit, Erbrechen und Durchfällen, zum Auftreten von Krämpfen und zunehmender Herzschwäche kommen. Maßnahmen: Magenspülung, Kohle, Abführmittel, Bettruhe, Sedativa, Kreislaufüberwachung.

Madagaskar-Immergrün

Catharanthus roseus

Hundsgiftgewächse, Apocynaceae. Ein in den Tropen vorkommender Halbstrauch, der bei uns als Topfpflanze angeboten wird. Die weißen, rosaroten oder roten Blüten sind tellerförmig ausgebreitet. Wie die meisten Hundsgiftgewächse wird auch der *Catharanthus* als giftig beschrieben. Siehe Oleander!

schwach giftig Flamingoblume

giftig Philodendron

giftig Oleander

giftig Madagaskar-Immergrün

Wüstenrose

Adenium obesum

Hundsgiftgewächse, Apocynaceae. Der aus Afrika stammende Strauch wächst mit dickem Stamm und kurzen, ebenfalls fleischigen Ästen. Mit seinen glänzend grünen Blättern und den großen rosa Blüten zeigt er Ähnlichkeit mit dem Oleander. Der Milchsaft der Pflanze wird zwar als giftig beschrieben, jedoch sind keine Vergiftungen bekannt.
Eine Verwandte der Wüstenrose ist die Madagaskarpalme *(Pachypodium lamerei)*, die eine Ähnlichkeit mit einem Säulenkaktus zeigt, sich aber von ihm u.a. durch eine schopfartige Anordnung von Blättern auf dem verdickten Stamm unterscheidet.

Korallenstrauch

Solanum pseudocapsicum

Nachtschattengewächse, Solanaceae. Eine kleine, strauchartig wachsende Topfpflanze, die vorwiegend wegen ihrer schönen beerenartigen, rot glänzenden Früchte gehalten wird und die in allen Pflanzenteilen den Stoff Solanocapsin enthält. Der Korallenstrauch ist eine nur schwach giftige Pflanze, und es muss eine Vielzahl von Früchten gegessen werden, dass nach deren Verzehr Übelkeit, Erbrechen und Leibschmerzen auftreten. **Therapie:** Reichlich Flüssigkeit, Kohlegabe, sonst symptomatisch.

Den zur gleichen Familie gehörigen Zierpaprika *(Capsicum annuum)* brachten die Spanier als »Spanischen Pfeffer« mit nach Europa. Zuchtformen werden heute als Gewürz, Gemüse oder auch als reine Zierform angeboten.

Ruhmeskrone

Gloriosa superba

Liliengewächse, Liliaceae. **Merkmale:** Die Ruhmeskrone oder Prachtlilie ist eine Kletterpflanze bis über 1,5 m Höhe. Die grünen Blätter sind länglich-oval mit stängelumfassenden Ranken. Die am Rand gewölbten Blütenhüllblätter bilden eine Krone, sind schmal, an den Enden zugespitzt und von grün über gelb zu rot übergehend. In der verkehrt-eiförmigen Kapselfrucht sind dunkel gefärbte Samen. **Vorkommen:** Afrika, Asien. Als Zimmerpflanze. **Gift:** In allen Pflanzenteilen, besonders aber in der Knolle sind das stark giftige Colchicin sowie verwandte Akaloide enthalten. **Wirkung:** Hemmt die Zellteilung; Mitosegift. **Vergiftungserscheinungen:** Kratzen und Brennen im Mund, Übelkeit, Erbrechen, lang anhaltende Durchfälle, Verwirrtheit, beschleunigte Herztätigkeit. **Erste Hilfe:** Nicht möglich, Behandlung in der Klinik erforderlich. **Therapie:** Magenspülung, wiederholte Kohlegabe; eventuell Valium, notfalls intensivmedizinische Überwachung.

schwach giftig Wüstenrose

schwach giftig Korallenstrauch

stark giftig Ruhmeskrone

Gummibaum

Ficus-Arten

Maulbeergewächse, Moraceae. Die vielen, meist gärtnerisch kultivierten Arten haben gemeinsam, dass sie ganzrandige, meist ledrige Blätter in wechselständiger Anordnung haben. Der Milchsaft des Gummibaumes beinhaltet Harz, Kautschuk, Cumarine und Proteine. Das Essen von Blattteilen und Luftwurzeln kann Würgen, Erbrechen und Bauchschmerzen hervorrufen. Empfohlen wird, reichlich Flüssigkeit und Kohle zu geben.

Fuchsie

Fuchsia-Hybriden

Nachtkerzengewächse, Onagraceae. Aus den Wildarten der Fuchsie gezüchtete Kulturarten haben wegen ihrer Formen- und Farbenfülle einen großen Beliebtheitsgrad erreicht. Diese Pflanzen sind ungiftig und werden hier ausschließlich wegen der Häufigkeit von Anfragen bei Giftnotrufzentralen angeführt. Offensichtlich besitzen die schönen Blüten der Fuchsien eine besondere Anziehungskraft für Kleinkinder.

Croton

Codiaeum variegatum

Wolfsmilchgewächse, Euphorbiaceae. Auch Wunderstrauch nennt man diese aus den Tropen stammende, bei uns gezogene Pflanze. Die grünen, rot oder gelblich gemusterten Blätter sind lanzettlich und stehen wechselständig. In den Pflanzenteilen ist ein giftiger Milchsaft, der – äußerlich – zu Hautreizungen führen kann. Innerlich kann es zu Erbrechen und Durchfällen kommen; hier sollte man reichlich Flüssigkeit geben.
Ebenfalls giftigen Milchsaft enthält der Christusdorn *(Euphorbia milii)*.

Weihnachtsstern

Euphorbia pulcherrima

Wolfsmilchgewächse, Euphorbiaceae. Wegen seiner bunten Blätter, deren Farbpalette vom satten Grün über Gelblich-Rosa zum leuchtenden Rot geht, ist der Weihnachtsstern eine beliebte Zimmerpflanze. Auch er hat in seinen Stängeln und Blättern einen giftigen Milchsaft. Wenn dieser milchige Saft auf die Haut gelangt, sollte man die betroffenen Stellen sofort gründlich reinigen. Bei innerlicher Aufnahme kann es zu heftigen Durchfällen und Nierenreizungen kommen. Maßnahmen: Magenspülung, Kohle, Abführmittel und symptomatische Therapie.

schwach giftig Gummibaum

nicht giftig Fuchsie

schwach giftig Croton

schwach giftig Weihnachtsstern

Klivie

Clivia miniata

Amaryllisgewächse, Amaryllidaceae. Die Klivie mit ihren orangeroten Blütenständen wird wegen ihrer langen, schmalen Blätter auch »Riemenblatt« genannt. Die Pflanzenteile beinhalten Alkaloide, die, oral aufgenommen, Übelkeit, Husten, Speichelfluss und Erbrechen auslösen können. Empfohlen wird reichliche Flüssigkeits- und Kohlegabe.
Ähnlich wirken noch Amaryllis *(Hippeastrum-Hybriden)* und die Kleine Amaryllis *(Vallota speciosa)*.

Belladonnalilie

Amaryllis belladonna

Narzissengewächse, Amaryllidaceae. **Merkmale:** Aus Südafrika stammende Zimmerpflanze mit schmalen, dunkelgrünen Blättern und einer rosaroten Blütenhülle aus 6 gleichartigen Blättern in lang gestielten, doldenartigen Blütenständen. Die Pflanze wurde in ihrer Heimat als Pfeilgift verwendet. **Gift:** Alle Pflanzenteile, insbesondere die Zwiebel, sind stark giftig. Die Hauptwirkstoffe sind Lycorin, Ambellin, Caranin. **Vergiftungserscheinungen:** Äußerlich können Hautreizungen auftreten. Zu den Vergiftungserscheinungen zählen Übelkeit, Erbrechen, Benommenheit, Schweißausbruch, Durchfall. **Erste Hilfe:** Bei oraler Aufnahme Krankenhaus aufsuchen. **Therapie:** Magenspülung, Elekrolytsubstitution, Kontrolle der Nierenfunktion.

Sansevieria

Sansevieria trifasciata

Agavengewächse, Agavaceae. Die auch »Bajonettpflanze«, »Schwiegermutterzunge« oder »Bogenhanf« genannte Blattpflanze wächst stammlos, mit rispig angeordneten grünen, fleischigen und linear-lanzettlichen Blättern. Sie wird bis ca. 90 cm hoch. Ihre Heimat ist das tropische Afrika. Die bei uns beliebte Zimmerpflanze ist in allen Teilen schwach giftig, auch für alle Haustiere! Die Hauptwirkstoffe sind organische Säuren und hämolytisch wirkendes Saponin. Als Vergiftungserscheinungen können Übelkeit und Erbrechen auftreten. **Erste Hilfe:** Kaum notwendig, da meist nur geringe Mengen aufgenommen werden. Zur Sicherheit sollte man aber Auskunft über den Giftnotruf einholen.

giftig Klivie

stark giftig Belladonnalilie

schwach giftig Sansevieria

Tiere

Wer von Gifttieren hört, denkt in erster Linie an tödlich giftige Schlangen. Aber auch andere Arten können durchaus gefährlich werden, wie die folgenden Seiten zeigen. Unter der riesigen Anzahl der Insekten gibt es etliche Arten, die einen Giftstachel besitzen – man denke da nur an die Bienen und Wespen. Viele andere Arten können Menschen zwar stechen oder beißen, sind aber in keiner Weise giftig. Hiezu zählen z.B. Wanzen, Flöhe und Läuse, die in diesem Buch deshalb nicht behandelt werden.

Hausskorpion

Euscorpius italicus

Skorpione, Scorpionidae. **Merkmale:** Dieser kleine Skorpion mit seinem schwarzbraunen Körper wird nur 3–4 cm lang. An der Rumpfvorderseite trägt er 2 große Scheren; es sind seine mächtig vergrößerten Kiefertaster (Pedipalpen). Der Körper wird von 4 Laufbeinpaaren getragen und setzt sich aus einem breiten vorderen und einem nach allen Seiten beweglichen, schwanzähnlich aussehenden hinteren Teil zusammen. Am letzten Hinterleibssegment sitzt der kräftige, gebogene Stachel, der durch Krümmen des Hinterleibes nach vorn die Beute erreicht und tötet. **Vorkommen:** Mittelmeergebiet. Zwei weitere, kleine Vertreter der Skorpione, *E. carpathicus* und *E. germanus*, kommen auch in Südtirol und in der Südschweiz vor. Der nördlichste Fundort von *E. carpathicus* war in Niederösterreich. **Gift:** Hyaluronidase. **Wirkung:** Der Stich wird als harmlos beschrieben. **Vergiftungserscheinungen:** Lokale Schmerzen an der Einstichstelle, vergleichbar mit einem Stich durch Bienen oder Wespen. **Therapie:** Kalte Umschläge zur Schmerzlinderung.

Feldskorpion

Buthus occitanus

Skorpione, Scorpionidae. **Merkmale:** Der Feldskorpion ist im Aussehen dem Hausskorpion sehr ähnlich, weist aber eine gelbbraune Färbung auf und wird etwa 8 cm lang. **Vorkommen:** Mittelmeergebiet. **Gift:** Eiweiß enthaltendes Toxin, Hyaluronidase. **Wirkung:** Neurotoxisch. **Vergiftungserscheinungen:** Nach dem Stich lokale Rötung, starke Schmerzen mit Prickeln, später Gefühllosigkeit an der Einstichstelle. Allgemeine Reaktion mit Schwitzen, Schwäche, Pulsverlangsamung. Nach 4–6 Stunden Angst und Ruhelosigkeit mit Pulsbeschleunigung. Bis zu 10 Stunden nach dem Stich kann ein Lungenödem auftreten. **Erste Hilfe:** Oberhalb des Stiches stauen, Ruhigstellung des betroffenen Gliedes; ärztliche Behandlung ist nötig. **Therapie:** Evtl. Inzision der Wunde, Analgetika, Cortison, spezifisches Serum; bei unruhigen Patienten kurz wirkende Barbiturate.
Auch der gleich große Felsenskorpion *(Scorpio afer)* kommt im Mittelmeerraum vor. Da alle Skorpione Nachttiere sind, ist in Gebieten, in denen sie vorkommen, ein Barfußlaufen nach dem Einbruch der Dämmerung nicht mehr ratsam.

schwach giftig Hausskorpion

giftig Feldskorpion

Kreuzspinne

Araneus diadematus

Radnetzspinnen, Araneidae. **Merkmale:** Meist gelbbraun, selten hellgrün gefärbt, immer mit einem deutlich sichtbaren weißen Kreuz auf dem Hinterleib, lauert die Kreuzspinne in ihrem kunstvoll gesponnenen Radnetz auf ihre Opfer. **Vorkommen:** Europa. Häufig in Wäldern und auf Wiesen, aber auch an Gebäuden. **Gift:** Giftige Eiweißstoffe. **Wirkung:** Nach dem Biss nur lokale toxische Wirkung. **Vergiftungserscheinungen:** Nur an zarten Stellen der Haut kann es zu einem Biss mit nachfolgender starker Schwellung und Lähmung in der Umgebung der Bissstelle kommen. **Therapie:** Kühlende Umschläge.

Wasserspinne

Argyroneta aquatica

Trichterspinnen, Agelenidae. **Merkmale:** Etwa 15 mm groß wird die Wasserspinne mit ihrem dunkel graubraunen Körper. Ihr Hinterleib ist mit feinsten weißen Härchen überzogen. Zum Luftholen muss die Wasserspinne von Zeit zu Zeit an die Wasseroberfläche steigen; der von einer Lufthülle umgebene Hinterleib sieht dabei aus wie eine große, silbern glänzende Blase. Sie baut »Luftglocken« in den Wasserpflanzen. **Vorkommen:** Europa. In Gewässern mit klarem Wasser und reichem Pflanzenwuchs; selten. **Gift** bis **Therapie:** Siehe Kreuzspinne.

Tarantel

Lycosa tarentula

Wolfsspinnen, Lycosidae. **Merkmale:** Bräunlichgraue, 3–5 cm große Spinne mit dunklen Querbinden auf dem Hinterleib. Die Tarantel schläft tagsüber in etwa 20–25 cm tiefen Erdlöchern und geht erst abends und während der Nacht auf Raub; sie erbeutet Insekten im Lauf. Nur während des Frühjahrs ist sie auch tagaktiv. **Vorkommen:** Mittelmeergebiet, vor allem in Italien, Sardinien und Spanien. **Gift:** Ein noch nicht untersuchter Wirkstoff. **Wirkung:** Zytotoxisch. »Wie von der Tarantel gestochen« eine »Tarantella« zu tanzen, um nicht dem Wahnsinn zu verfallen, entspricht nicht mehr der Jetztzeit; man schreibt diese Art, durch eine merkwürdige Tanzwut den Spinnenbiss heilen zu wollen, einer Massenpsychose des späten Mittelalters zu. **Vergiftungserscheinungen:** Ungefährlicher Biss, nicht sehr schmerzhaft, mit Bienenstich vergleichbar. **Therapie:** Kühlende Umschläge, sonst symptomatisch.

schwach giftig Kreuzspinne

schwach giftig Wasserspinne

giftig Tarantel

Malmignatte

Latrodectus tredecimguttatus

Kugelspinnen, Theridiidae. **Merkmale:** Die Malmignatte oder Schwarze Witwe ist eine kleine, nur ca. 7–10 mm groß werdende Spinne mit langen Beinen. Ihr Körper ist tiefschwarz und hat 13 blutrote bis orangegelbe Punkte auf dem Hinterleib. **Vorkommen:** Mittelmeergebiet. Die meisten Bisse durch diese Spinne ereignen sich im Freien, jedoch können sich diese Tiere auch auf Toiletten aufhalten, und zwar an der Unterseite der Brillen oder auch im Inneren der Schüssel. **Gift:** Toxische Eiweißstoffe. **Wirkung:** Freisetzen von Acetylcholin und Katecholaminen wurde tierexperimentell nachgewiesen. **Vergiftungserscheinungen:** Innerhalb von 10 Minuten nehmen die Schmerzen des zunächst kaum zu spürenden Bisses stark zu. Es folgen Lymphknotenschwellung, Anstieg des Blutdrucks, Atembeschwerden und Angstzustände, bisweilen mit Todesangst verbunden, Sprachstörungen, Schweißausbruch im Gesicht und Verkrampfung der Kaumuskeln; extrem verhärten können sich auch die Bauchmuskeln. Appetitlosigkeit und Schlafstörungen. **Erste Hilfe:** Kühlende Umschläge, beruhigen; ärztliche Behandlung ist erforderlich. **Therapie:** Gegen lokale Symptome kühlende Umschläge. Wenn vorhanden, Spinnengiftserum; gegen Schmerzen Analgetika; Beruhigungsmittel.

Dornfingerspinne

Cheiracanthium punctorium

Sackspinnen, Clubionidae. **Merkmale:** Die Dornfinger- oder Stacheltasterspinne wird etwa 1 cm groß. Der Giftapparat dieser hellgraubraunen Spinne mündet in starken Cheliceren; sie lebt von Insekten, die sie in ihren röhrenförmigen Netzen fängt. **Vorkommen:** In Deutschland im Odenwald und im südlichen Rheingau; in Frankreich, der Schweiz, in Italien und Dalmatien. **Gift:** Noch nicht genau bestimmter Stoff. **Wirkung:** Lokal und auf Allgemeinbefinden wirkend. **Vergiftungserscheinungen:** Zunächst stechende und brennende Schmerzen an der Bissstelle, die sich blaurot verfärbt und anschwillt. Auch Allgemeinerscheinungen können auftreten: Übelkeit, Erbrechen, Kopfschmerzen und eine leichte Temperaturerhöhung. Nach etwa 3 Tagen klingen diese Symptome wieder ab, die Bissstelle kann noch längere Zeit gerötet und geschwollen sein. **Therapie:** Lokal kühlende Umschläge, Cortisonsalben.

stark giftig Malmignatte

giftig Dornfingerspinne

Zecke

Ixodes ricinus

Zecken, Ixodidae. **Merkmale:** Die achtbeinige Zecke, auch Holzbock genannt, lebt vom Blut der Säugetiere, gelegentlich aber auch vom Blut des Menschen; sie besitzt einen Stechsaugrüssel mit Widerhaken. Das normalerweise bis 4 mm große Tier kann, wenn es satt ist, 11 mm Größe erreichen. **Vorkommen:** Von Nordeuropa über Polen, Mittel- und Süddeutschland, Tschechien, Slowakei, Ungarn, das Alpengebiet (besonders Österreich) bis Kroatien und Griechenland. Lebt in feuchten Gegenden auf Wiesen und in Wäldern. **Gift:** Die Zecke ist kein »Gifttier«, kann aber auf den Menschen zwei ernst zu nehmende Krankheiten übertragen:

a) durch Viren die Frühsommer-Meningo-Enzephalitis (FSME),

b) durch Bakterien die Lyme-Borreliose.

Diagnose: Bei diesen Krankheiten wurden sowohl tödliche Verlaufsformen als auch länger anhaltende Beschwerden (Kopfschmerzen, Lähmungen, depressive Verstimmung) registriert. 3–4 Wochen nach dem Biss sind im Serum des Betroffenen spezifische Antikörper nachweisbar. **Symptome:** Zu a) Das Krankheitsbild hat einen zweiphasigen Verlauf. 1. Nach einer Inkubationszeit von 3–14 Tagen kommt es zu einem grippeartigen Krankheitsbild mit Fieber, Kopf-, Bauch- und Gliederschmerzen. In der Regel bilden sich diese Erscheinungen innerhalb von 4–6 Tagen wieder zurück. 2. In anderen Fällen (8 bis 10% der infizierten Personen) kommt es zu einer zweiten Phase, die nach 4–6 Tagen Beschwerdefreiheit auftritt und durch hohes Fieber, starke Kopfschmerzen, Erbrechen und Lähmungserscheinungen gekennzeichnet ist.

Zu b) Anhaltender heftiger Schmerz in der Umgebung der Zeckenbissstelle mit entzündlicher Rötung der Haut, auf der sich ein hellroter, sich nach außen vergrößernder Ring bilden kann. Außerdem Ausfallserscheinungen im Bereich des peripheren Nervensystems, chronisch lymphozytare Meningitis, Gelenkentzündungen. **Vorbeugung:** In den Zeiten besonderer Zeckenaktivität (Mai, Juni, September) bekannte Gefahrengebiete meiden! Nicht am Waldrand und auf Waldlichtungen rasten! Nach Spaziergängen bzw. am Abend die Haut – besonders bei Kleinkindern – nach Zecken absuchen. Fest sitzende Zecken sofort entfernen, aber vorsichtig! Im Handel gibt es hierfür auch spezielle Zeckenzangen. Wichtig ist, auch den Kopf des Tieres aus der Haut zu entfernen, ohne dabei auf den Körper der Zecke Druck auszuüben. Denn dabei könnten z. B. im Darm der Zecke befindliche Bakterien (Überträger der Lyme-Borreliose) in den Körper des Menschen gelangen. Anschließend ist Selbstbeobachtung notwendig: Bei eventuellem Auftreten der beschriebenen Symptome einen Arzt aufsuchen.

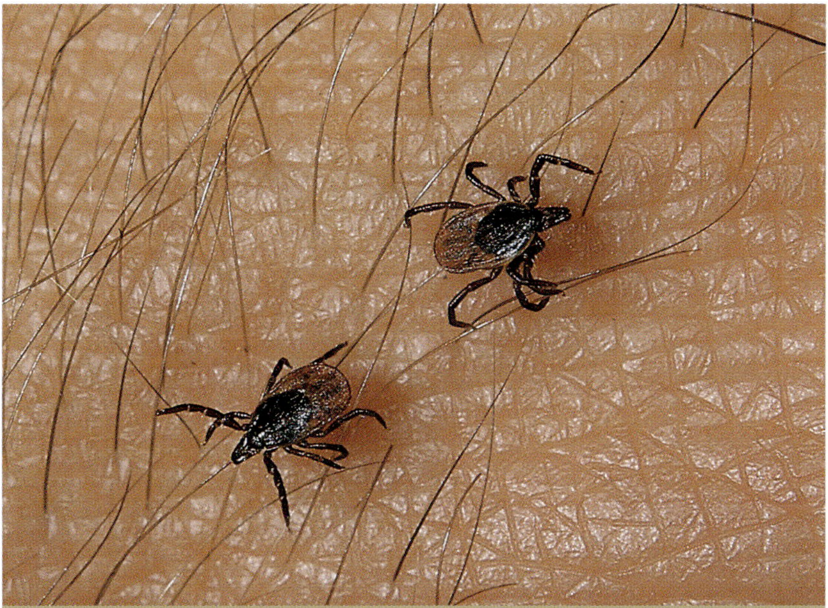

Krankheitsüberträger Zecke

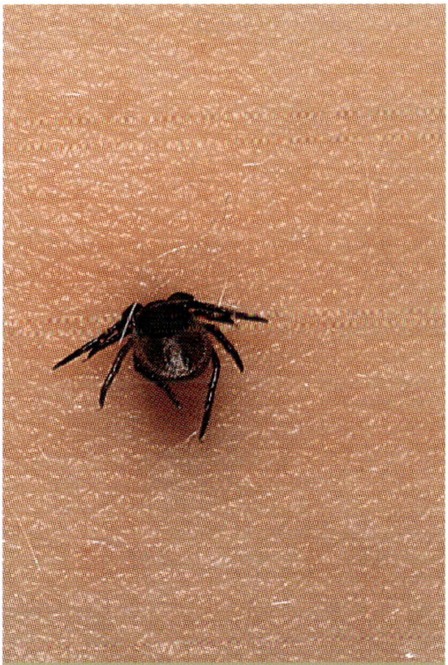

Krankheitsübertr. eingebohrte Zecke

Krankheitsübertr. vollgesogene Zecke

Auwaldzecke, Laufzecke

Dermacentor reticulatus

Zecken, Ixodidae. **Merkmale:** Diese in Deutschland bisher nahezu unbekannte Zeckenart ist auf dem Vormarsch. Sie ist erkenntlich an dem hellen Rückenschild mit braunen Streifen und Tüpfelungen. Sie bevorzugt feuchte Gebiete und wartet nicht wie der Holzbock auf Opfer, sondern geht aktiv auf die Beutesuche. Sie wird deshalb auch als Laufzecke bezeichnet. **Vorkommen:** Ursprünglich Süddeutschland, nun auch in den Gebieten um Berlin, Frankfurt, Magdeburg, Leipzig und Tübingen.
Diese Zeckenart kann den Sibirischen Flecktyphus übertragen; die Krankheitsbilder können sehr stark variieren, deswegen müssen bei unklarer Diagnose auch seltene Infektionen in Betracht gezogen werden.

Rückenschwimmer

Notonecta glauca

Rückenschwimmer, Notonectidae. **Merkmale:** Der auch als »Wasserbiene« bekannte Rückenschwimmer wird etwa 15 mm lang und verdankt seinen Namen der Eigenart, mit dem Rücken nach unten zu schwimmen oder auch in dieser Art an der Unterseite des Wasserspiegels zu »hängen«. Da er leichter als das Wasser ist, kann er, wenn er mit dem Hinterleib nach oben an die Wasseroberfläche kommt, sofort aus dem Wasser zum Flug starten. Die gewölbte Rückenseite ist heller gefärbt als der Bauch. Zur Fortbewegung unter Wasser dienen die als lange Ruderbeine gestalteten, mit Schwimmhaaren besetzten Hinterbeine. Mit den Vorderbeinen wird die Beute ergriffen und gehalten und mittels Stechrüssel ausgesaugt. **Vorkommen:** Europa; in stehenden Gewässern. **Gift:** Nicht bekannte Stoffe. **Wirkung:** Schmerzhafter Stich ohne weitere Folgen. **Therapie:** Kühlende Umschläge und Pflasterschutzverband, um evtl. sekundäre Infektion zu verhindern.

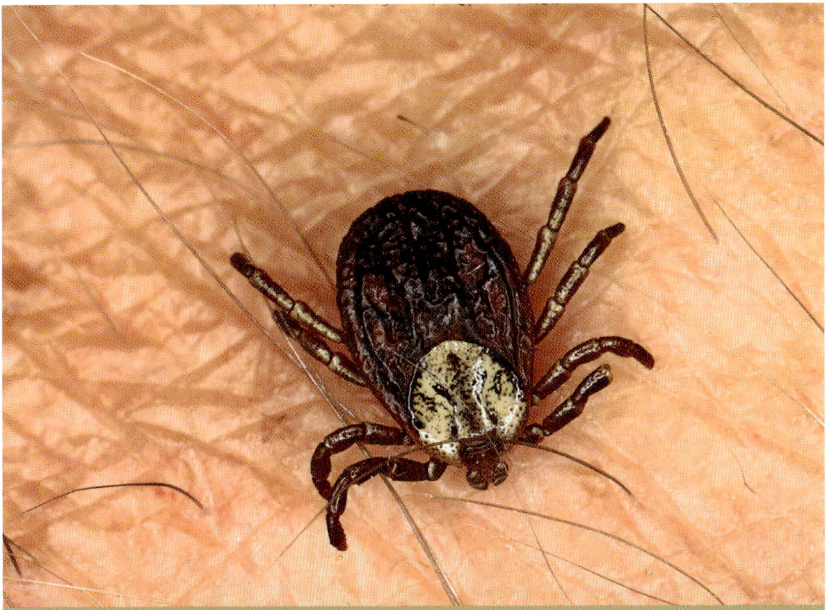

giftig Auwaldzecke, Laufzecke

schwach giftig Rückenschwimmer

Wasserskorpion

Nepa cinerea

Skorpionswanzen, Nepidae. **Merkmale:** Der Wasserskorpion wird etwa 2 cm lang; sein länglich-eiförmiger, flacher Körper ist eintönig graubraun gefärbt und trägt meist noch eine Schmutzkruste am Rücken. Während die mittleren und hinteren Beine zum Laufen und Schwimmen dienen, ist das vordere Beinpaar dieses Insekts zu 2 Fangarmen umgestaltet; es fängt und hält damit seine Beute, um sie mit seinem Stechrüssel auszusaugen. Das nadelähnliche Gebilde am Hinterende des Körpers ist die Atemröhre des Wasserskorpions. **Vorkommen:** Europa. Fast ausschließlich in langsam fließenden oder stehenden Gewässern, hauptsächlich in seichten Uferzonen; meist auf Beute lauernd und reglos am Boden oder an Wasserpflanzen sitzend. **Gift** bis **Therapie:** Siehe Rückenschwimmer.

Ameisen

Ameisen, Formicidae und Myrmicidae. Die systematisch zu den Hautflüglern zählenden Ameisen sind mit etwa 6000 Arten weltweit verbreitet. In Europa sind sie immerhin mit ca. 200 Arten vertreten. Die Weibchen (Königinnen und Arbeiterinnen) mancher Arten besitzen einen Stachel, der aber bei den höher entwickelten Arten nicht ausgebildet ist; hier ist meist nur noch die Giftdrüse vorhanden. Unsere heimischen, stachellosen Ameisen, z. B. die Schwarze Wegameise *(Lasius niger)* und die Rote Waldameise *(Formica rufa)*, verursachen durch ihren Biss nur geringe lokale Erscheinungen auf der menschlichen Haut, auch dann, wenn aus der Drüse am Hinterleib Gift (Ameisensäure) in die Bissstelle gespritzt wird. Sollten lokale Reizungen auftreten, so sind kalte Umschläge zur Behandlung ausreichend; eventuell noch die betroffenen Stellen mit Salmiakgeist einreiben.

Rote Raubwanze

Rhinocoris iracundus

Raubwanzen, Reduviidae. **Merkmale:** Die etwa 12 mm lange Rote Raubwanze ist rot und schwarz gezeichnet und hat, wie alle Vertreter ihrer Art, einen schmalen Kopf, der hinter den vorstehenden Augen halsartig verengt ist. Mit einem kurzen, kräftigen, abstehenden Rüssel ist diese Raubwanze in der Lage, ein Beutetier zu stechen, es zu betäuben und zu töten, um es anschließend auszusaugen. **Vorkommen:** Europa. Sitzt meist auf Blüten und lauert auf anfliegende Insekten. **Gift** bis **Therapie:** Siehe Rückenschwimmer.

schwach giftig Wasserskorpion

schwach giftig Rote Waldameise

schwach giftig Rote Raubwanze

Honigbiene

Apis mellifica

Bienen, Apidae. **Merkmale:** Die am Körper leicht behaarte Honigbiene ist dunkelbraun gefärbt, hat glasige Flügel und am Hinterleibsende einen Giftstachel. Die etwas größeren Drohnen (männliche Tiere) haben keinen Stachel. **Vorkommen:** Weltweit verbreitet. **Gift:** Mellitin, Histamin, Phospholipase A und Hyaluronidase. **Wirkung:** Mellitin als Hauptbestandteil des Bienengiftes hat eine hämolytische Wirkung; es kann aber auch sowohl anregend als auch lähmend auf die Funktion des Herzens wirken. Histamin ist schmerzerzeugend und wirkt auf den Kreislauf blutdrucksenkend. Phospholipase und Hyaluronidase sind Proteine und können als Antigene wirken. Beim Menschen wird je Stich etwa 0,1 mg (Trockensubstanz) abgegeben. Etwa 5 Bienenstiche sind toxisch, bei 40 Stichen rechnet man schon mit schweren Erscheinungen, tödlich sein sollen jedoch erst über 500 Stiche. Bei überempfindlichen Personen kann aber bereits ein einzelner Stich durch eine akute anaphylaktisch-allergische Reaktion zum Tod führen! **Vergiftungserscheinungen:** Örtliche Reizerscheinungen: Brennen, Jucken, entzündliche Rötung, Anschwellung, heftiger Schmerz. Achtung! Gefahr nach Stich in den Hals bzw. Rachen (Verschlucken einer Biene oder Wespe durch Aufnahme süßer Speisen und Getränke). Eine sich dadurch schnell entwickelnde Schwellung der Schleimhaut des Kehlkopfes (Glottisödem) kann zum Ersticken führen. Beim Stich in ein Blutgefäß sind lokale Symptome meist leichter: Eine etwa handtellergroße Rötung, die schmerzhaft auf Druck reagiert und innerhalb von 2 Tagen abklingt. Es kann aber auch eine Sofortwirkung mit allgemeinen Symptomen eintreten: Übelkeit, evtl. Erbrechen, Temperaturanstieg bis auf 39 °C mit Schüttelfrost, Kopfschmerzen, Verminderung der täglichen Harnausscheidung, Atemnot, beschleunigter Puls, Blutdrucksenkung. Die übrigen allergischen Zeichen sind Juckreiz, stark juckende Quaddeln, allergisches Asthma, in schweren Fällen Kreislaufkollaps. Meist normalisiert sich das Befinden im Verlauf von 24–40 Stunden. Es besteht aber auch die Gefahr einer anaphylaktischen Reaktion: schwere Schockerscheinungen, Herzlähmung mit Tod im Lungenödem. **Erste Hilfe:** Stachel entfernen; am besten mit einer Pinzette, aber unter Vermeidung jeglichen Drucks auf die noch am Stachel hängende Giftblase. Bei Massenstichen die Giftblase mit einem scharfen Rasiermesser abschneiden. Keinen Rasierapparat verwenden! Wegen der Gefahr einer Überempfindlichkeitsreaktion gilt auch bei Einzelstichen als Grundregel: Stichverletzte nach Möglichkeit einige Stunden nicht alleine lassen!

giftig ausgewanderter Bienenschwarm

giftig Honigbiene

Bei Stichen im Mund-Rachen-Raum oder in die Speiseröhre – wenn möglich – sofort schluckweise eiskalte Getränke zu sich nehmen oder – wenn vorhanden – Eis lutschen, um eine zunehmende Schwellung der Schleimhäute zu verhindern. Für Patienten mit bekannter Insektenstich-Allergie empfiehlt sich zur Erste-Hilfe-Behandlung das Mitführen eines sogenannten Bienenpäckchens. Nach Empfehlung der Toxikologischen Abteilung München enthält dieses Päckchen: 30 Tabletten Decortin H 5 mg und 1 Adrenalin-Dosieraerosol (Primatene Mist®). Im Falle eines Insektenstiches soll der Allergiker sofort alle 30 Tabletten Decortin H sowie zwei Hübe des Adrenalin-Dosieraerosols einnehmen. Anschließend sofort den Notarzt verständigen. **Therapie:** Bei allergischem Schock: Adrenalin intravenös und allgemein-intensivmedizinische Maßnahmen. Bei Larynx- oder Glottisödem Intubation oder gegebenenfalls Tracheotomie.

Hummeln

Bombus-Arten

Bienen, Apidae. **Merkmale:** 12–20 mm große Tiere mit pelzig behaarten Körpern und bunten Farben. Diese Wildbienen gehören zu unseren größten, schönsten und auch nützlichsten staatenbildenden Insekten. Ein Hummelvolk kann, je nach Art, 60–500 Tiere pro Jahr hervorbringen. Die weiblichen Tiere, Königinnen und Arbeiterinnen, können zwar stechen, machen aber von ihrem Stachel nur bei Bedrohung ihres eigenen Lebens Gebrauch, z. B. wenn man auf sie tritt oder in der Hand drückt. Der im Frühjahr gegründete Staat löst sich im Herbst auf; die alte Königin, die Arbeiterinnen und die Männchen sterben. Nur die Jungköniginnen suchen sich ein geeignetes Winterquartier, um überleben zu können, und gründen im nächsten Frühjahr einen neuen Staat. Dies ist auch der Grund, warum man im Frühjahr besonders große Hummeln (Königinnen) fliegen sieht. **Vorkommen:** Hummeln sind mit etwa 400 Arten weltweit verbreitet; bei uns sind sie mit ca. 25 Arten vertreten. Sie suchen ihre Nistplätze z. B. in Mäuselöchern, unter Holzhäuschen, in Baumhöhlen oder auch in Steinhaufen. **Gift:** Serotonin, Phospholipase A, Hyaluronidase. **Wirkung:** Serotonin wirkt schmerzerzeugend und blutdrucksenkend. **Vergiftungserscheinungen** bis **Therapie:** Siehe Honigbiene.

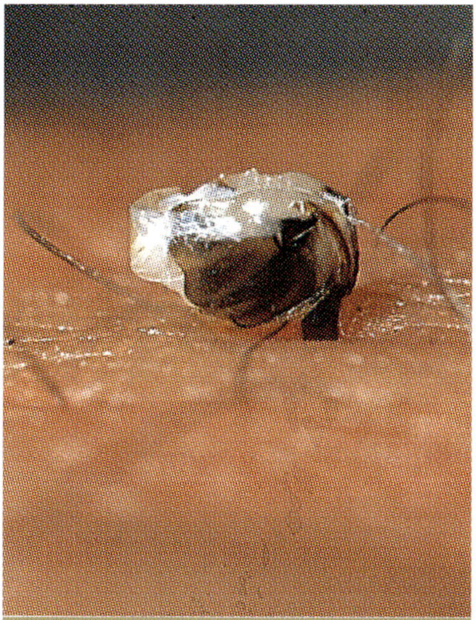

giftig Honigbiene, Stachel in Stichwunde

giftig Erdhummel

giftig Ackerhummel

Wespen

Polistes- und *Vespula*-Arten

Faltenwespen, Vespidae. **Merkmale:** Wespen werden 15–25 mm lang; ihr Körper ist gelb und schwarz gezeichnet. Je nach Art gibt es bei Wespen Volksstärken von 100–200 Tieren oder auch, wie bei der Deutschen Wespe *(Vespula germanica)*, von 1000–7000 Tieren. Einschließlich der Hornisse gibt es bei uns acht »typische« Vertreter der staatenbildenden Wespen. Auch diese ungeliebten gelb-schwarzen Hautflügler haben ihren festen Platz in unserem Ökosystem und sind, wenn auch nicht direkt, dem Menschen nützlich. Auch bei diesen Insekten können die weiblichen Tiere stechen. Sie sind aber friedlich, greifen außerhalb ihres Nestbereiches nicht an und stechen nur zu ihrer Verteidigung; dies kann allerdings schon gegeben sein, wenn man die vermeintlichen Eindringlinge, die sich an süßen Speisen laben wollen, mit Schlägen zu vertreiben sucht. Vorsicht also, wenn man zur Sommerzeit Obstkuchen im Freien verzehrt! Gläser oder Krüge – besonders mit süßen Getränken – sollte man grundsätzlich abdecken! Wenn man nicht ausgerechnet beim Essen oder Trinken von einer Wespe in den Mund-Rachen-Raum gestochen wird, ist ein solcher Stich eigentlich nur für jene Menschen gefährlich, die allergisch darauf reagieren. Auch die Völker der Wespen sterben, wie bei Hummeln, alljährlich im Herbst ab, und nur die frisch geschlüpften jungen Königinnen überwintern und beginnen im nächsten Frühjahr mit der neuen Staatenbildung. **Vorkommen:** In vielen Arten weit verbreitet. **Gift:** Histamin, Serotonin, Wespen-Kinin, Phospholipase A, Hyaluronidase. **Wirkung** bis **Therapie:** Siehe Honigbiene. Das Entfernen des Stachels nach einem Wespenstich entfällt allerdings, da Wespen, im Gegensatz zu Bienen, genügend Muskelkraft besitzen, nach dem Stich ihren Stachel wieder herauszuziehen. Eine Wespe kann also mehrmals stechen.

giftig Wespen

giftig Wespennest auf Dachboden

Hornisse

Vespa crabro

Faltenwespen, Vespidae. **Merkmale:** Die Hornisse kann bis 40 mm groß werden und ist damit das größte staatenbildende Insekt unserer heimischen Tierwelt. Hornissen können im Spätsommer auf eine Volksstärke von 100 bis 400 Arbeitstieren anwachsen. Zur Aufzucht ihrer Nachkommenschaft fangen sie Unmengen verschiedener Fliegenarten und Raupen, auch Wespen. Sonst ernähren sie sich von Nektar, Baum- und Pflanzensäften. Leider wird dieses harmlose Insekt noch immer als ein »Horrorwesen« betrachtet. Warum eigentlich? Schon seit alten Zeiten wird behauptet, dass 3 Hornissenstiche einen Menschen und 7 Stiche ein Pferd töten würden. Dies ist absoluter Unsinn. Weibliche Hornissen können zwar – ebenso wie Bienen und Hummeln – stechen, aber sie bleiben absolut friedfertig, wenn sie in Ruhe gelassen werden. Sollten sie im Verteidigungsfall wirklich stechen, so kann der Stich zwar etwas schmerzhafter sein als z. B. der Stich einer Biene; aber es ist mit nichts zu begründen, warum er auch gefährlicher sein sollte. Versuche haben bewiesen, dass selbst kleinere Tiere wie Mäuse oder Ratten mehrere Hornissenstiche unbeschadet überleben können. Eine Ausnahme bilden lediglich Personen, die auf Insektenstiche allergisch reagieren; hier wäre über den Hausarzt eine Hyposensibilisierung anzustreben. Auf etwas sei noch aufmerksam gemacht: Im Gegensatz zu Bienen, Wespen und Hummeln sind Hornissen auch nächtlicherweise auf Futtersuche. Bei offenem Fenster und eingeschaltetem Licht kann es schon einmal vorkommen, dass eine dieser »Riesenwespen«, angelockt durch den Lichtschein, im Zimmer umherfliegt. Schalten Sie einfach das Licht aus; die Hornisse kann sich wieder orientieren und wegfliegen. Ab Anfang bis Ende Oktober gehen die Hornissenvölker ein. Nur die jungen Königinnen überleben und suchen sich, wie Hummeln und Wespen, ein sicheres Winterquartier, um dann im Frühjahr einen neuen Staat zu gründen. **Vorkommen:** Verbreitet vorkommend, verhältnismäßig selten. Sie nisten in den Höhlen großer Laubbäume oder auch, wo diese natürlichen Lebensräume nicht mehr vorhanden sind, auf Dachböden, in Vogelnistkästen und in leeren Bienenwohnungen. **Gift:** Histamin, Serotonin, Acetylcholin, Hornissen-Kinin, Phospholipase A, Phospholipase B. **Wirkung:** Obwohl Hornissen nicht als sehr gefährlich gelten, können Stiche mehrerer Tiere in besonderen Fällen bei Kindern durch Herz- und Atemlähmung tödlich wirken. Sonst **Wirkung** und **Therapie:** Siehe Honigbiene und Wespe.

giftig Hornisse

Stechmücke
Culex pipiens

Stechmücken, Culicidae. **Merkmale:** 8–10 mm lang wird die Stechmücke. Der schlanke Körper ist unscheinbar gefärbt, die Beine sind lang und dünn. Während die Männchen Pflanzensäfte als Nahrung aufnehmen, saugen die Weibchen Blut; dieses ist zur Entwicklung der Eier notwendig. Dringt der Stechrüssel eines Mückenweibchens in die menschliche Haut ein, so fließt gleichzeitig ein scharfes, blutgerinnungshemmendes Sekret in die Wunde. Wird das Insekt bei diesem Vorgang erschreckt, so gibt es wesentlich mehr von diesem Sekret ab und flüchtet im »Alarmstart«, manchmal unter Zurücklassen seines Saugrüssels. **Vorkommen:** Gesamteuropa. Hauptsächlich in der Nähe von Gewässern. **Gift:** Blutgerinnungshemmende Stoffe. **Wirkung:** Nach kaum merklichem Stich treten meist Quaddeln auf, die stark jucken, was tagelang anhalten kann. **Therapie:** Gründliche Reinigung der betroffenen Stellen, Umschläge mit Alkohol, Pflasterschutzverband zur Verhinderung von Infektionen, die durch Kratzen an der Einstichstelle auftreten können. Neben Stechmücken, die in einer ganzen Reihe von Arten in Mitteleuropa vorkommen, gibt es auch »Blutsauger« in anderen Mückenfamilien, die gelegentlich dem Menschen lästig werden. Erwähnt seien hier die Kriebelmücken (Simuliidae) mit deutlich aufgewölbtem Brustabschnitt und die sehr kleinen Gnitzen (Ceratopogonidae), deren Stichstellen oft tagelang gerötet sind und jucken.

Regenbremse
Haematopota pluvialis

Bremsen, Tabanidae. **Merkmale:** Die Regenbremse ist eine kleine, etwa 10 mm lange, graue bis schwarzgraue unscheinbare Fliege mit marmorierten Flügeln. Ein besonderes Merkmal der Bremsen sind die großen Komplexaugen, die beim männlichen Tier in der Mitte zusammenstoßen, beim Weibchen jedoch durch eine schmale Stirn voneinander getrennt sind. Die Mundwerkzeuge der Weibchen sind zu einem Stechrüssel geformt, mit dem sie in der Lage sind, die Haut des Menschen zu durchdringen und Blut zu saugen. Die männlichen Tiere begnügen sich mit Pflanzensäften. **Vorkommen:** Gesamteuropa; in den Sommermonaten weit verbreitet. In feuchtem Gelände, an Seen und Flüssen treten die Bremsen massenhaft auf. **Gift:** Ein die Blutgerinnung verhindernder Stoff im Speichel. **Wirkung:** Meist juckende Beulen an den Einstichstellen. **Therapie:** Alkoholumschläge, evtl. Pflasterschutzverband, um Infektionen zu verhindern.

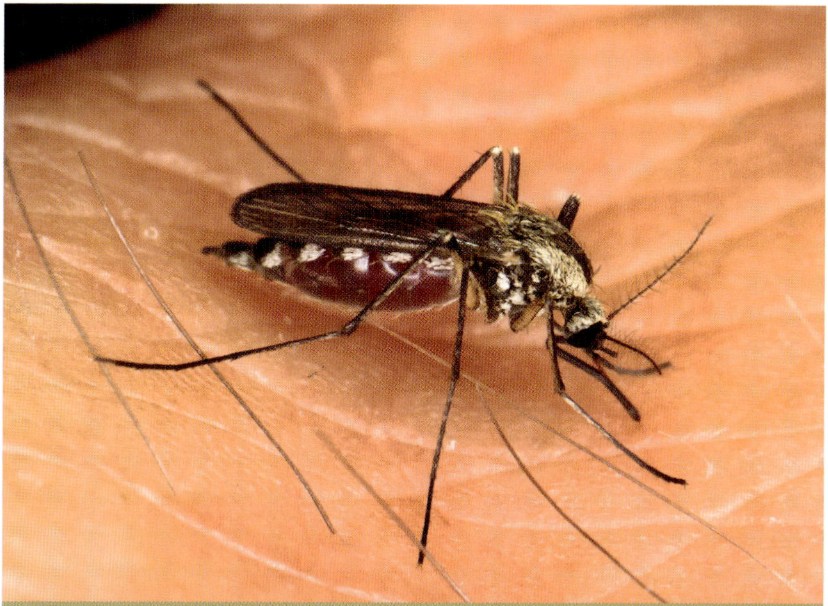

giftig Stechmücke

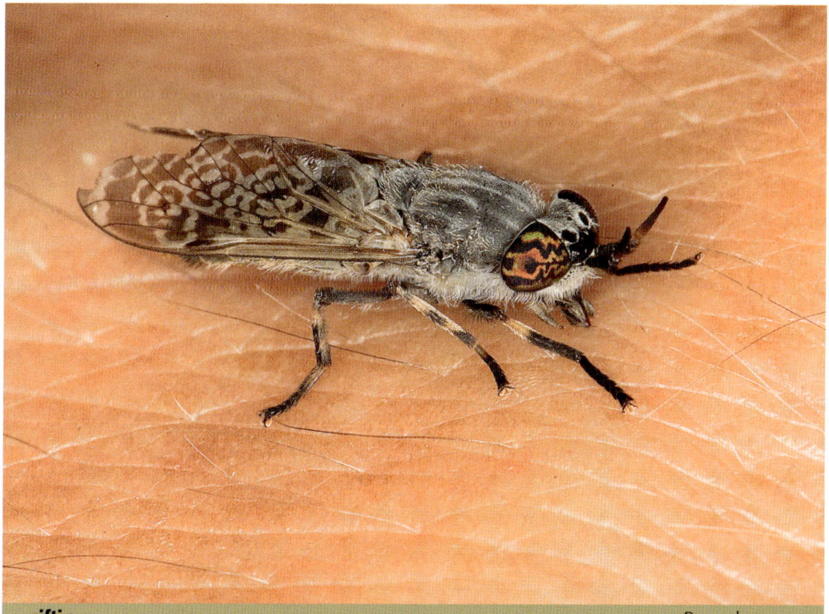

giftig Regenbremse

Feuersalamander

Salamandra salamandra

Salamander, Salamandridae. **Merkmale:** Bis 20 cm (in Südeuropa bis 28 cm) lang, schwarz, mit grellgelben bis orangefarbenen unregelmäßigen Flecken gezeichnet. Ein sich nur sehr langsam fortbewegendes, plumpes Tier mit verhältnismäßig breitem Kopf. Die glatte, glänzende Haut ist mit Drüsenporen ausgestattet. **Vorkommen:** In Mittel- und Südeuropa weit verbreitet, teilweise jedoch in andere Rassen übergehend, die etwas kleiner sind, die farbliche Unterschiede aufweisen oder solche, bei denen die Zeichnung der gelben Flecken in Längsbändern zusammenfließt. In anderen Rassen auch auf der Iberischen Halbinsel und auf Korsika vorkommend. Selten im Flachland, überwiegend in schattigen Waldungen der Hügel- und Bergländer; in den Alpen bis 1000 m Höhe. Oft in der Nähe von Quellwässern und Bächen. **Gift:** Im Hautsekret der Tiere wurden mehrere Alkaloide gefunden, unter ihnen das Hauptalkaloid Samandarin (Steroidalkaloid) sowie Samandaron und Samandaridin. **Wirkung:** Samandarin ist ein Krampfgift; es wirkt auf das Zentralnervensystem, hat aber auch eine blutdrucksteigernde und lokalanästhetische Wirkung. Äußerlich wirkt es stark reizend auf die Schleimhäute. **Vergiftungserscheinungen:** Können nur auftreten, wenn man sich nach dem Anfassen des Tieres nicht die Hände wäscht. Vor dem Händewaschen kann z. B. durch unbeabsichtigtes Reiben der Augen eine mehr oder weniger starke Entzündung auftreten. In diesem Fall ist eine Spülung der Augen mit klarem Wasser ausreichend.

Alpensalamander

Salamandra atra

Salamander, Salamandridae. **Merkmale:** Der Alpensalamander oder »Bergmandl« ist schlanker als der Feuersalamander und erreicht nur eine Länge von höchstens 16 cm. Das sich gemächlich fortbewegende Tier ist glänzend schwarz. In der Ohrgegend hat der Alpensalamander je eine große Drüse und an den Rumpfseiten deutlich sichtbare Querfurchen und stark hervortretende Warzen. **Vorkommen:** Nur in den Alpen und im Hochgebirge des westlichen Balkans bis zu einer Höhe von über 3000 m. Er ist völlig unabhängig von Gewässern und kommt in feuchten Wäldern, aber auch noch oberhalb der Waldgrenze, in der Krummholzzone und auf Matten vor. **Gift** bis **Vergiftungserscheinungen:** Siehe Feuersalamander.

schwach giftig Feuersalamander

schwach giftig Alpensalamander

Gelbbauchunke

Bombina variegata

Scheibenzüngler, Discoglossidae. **Merkmale:** Die Gelbbauch- oder Bergunke mit ihrer ziemlich gedrungenen Körperform wird etwa 5 cm groß. Auf der olivgrauen bis graubraunen Oberseite befinden sich zahlreiche kleine Warzen. Auf der blaugrauen Bauchseite sind große, leuchtend gelbe Flecken. Im Gegensatz zur Rotbauchunke hat das Männchen der Gelbbauchunke keine Schallblasen. Bei den Unken werden sogenannte Schreckstellungen beobachtet. Sie werfen sich dabei auf den Rücken und krampfen ihre Extremitäten nach hinten, sodass dem vermeintlichen Gegner der gewölbte Bauch mit den Warnfarben dargeboten wird. **Vorkommen:** Frankreich, Belgien, Holland, West- und Süddeutschland. Alpenländer bis zu den Karpaten und den nördlichen Balkanländern. Im Allgemeinen in hügeligen und gebirgigen Gegenden bis über 1500 m Höhe. Nur im Wasser zu finden, auch schon in Pfützen und Fahrrinnen. **Gift:** Ein durch die Hautdrüsen abgesondertes giftiges Sekret. **Wirkung:** Stark reizend auf die Schleimhäute von Augen, Nase und Mund. **Vergiftungserscheinungen:** Treten nicht auf, wenn man sich nach dem Anfassen der Tiere die Hände wäscht. Gerade bei Unken wurde beobachtet, dass sie, wenn sie verängstigt sind, so viel Sekret aus den Drüsen absondern können, dass es seifenschaumähnlich sichtbar wird und nach Lauch riecht. Dieses Sekret, an die Augen oder in die Nase gebracht, kann ein sehr unangenehmes Brennen verursachen. **Therapie:** Bei stärkerer Reizung lokale Anwendung von Corticosteroiden.

Rotbauchunke

Bombina bombina

Scheibenzüngler, Discoglossidae. **Merkmale:** Die Rotbauch- oder Tieflandunke hat eine mäßig schlanke Körperform und wird bis 5 cm groß. Ihre Oberseite ist schwarzgrau mit dunkleren Flecken und zahlreichen kleinen, rundlichen Warzen. Die Bauchseite ist bläulichschwarz, mit großen mennigroten Flecken und weißen Punkten. Die Unkenmännchen haben zwei innere Schallblasen. **Vorkommen:** In Deutschland nur im Norden, und zwar von der Weser nach Osten und nach Dänemark. Im Süden vom östlichen Österreich und Ungarn sowie Slowenien bis Rumänien und Bulgarien. In den Tiefländern in Altwässern, Teichen und Gräben. **Gift** bis **Therapie:** Siehe Gelbbauchunke.

schwach giftig Gelbbauchunke

schwach giftig Unke, Schreckstellung

schwach giftig Rotbauchunke

Erdkröte

Bufo bufo

Kröten, Bufonidae. **Merkmale:** Die Erdkröte ist ein plumpes Tier mit gedrungener Körperform und breitem, abgerundetem Kopf. Die mit großen, dicht beieinanderstehenden Warzen bedeckte Oberseite kann grau-, rot- oder schwarzbraun, auch schmutziggrün sein und ist zuweilen dunkel gefleckt. Beiderseits über der Ohrgegend befindet sich eine große, halbmondförmige Drüse. Die Männchen werden 8 cm, die Weibchen 13 cm groß. **Vorkommen:** Mittel- und Nordeuropa, im Süden durch andere Rassen vertreten. Die Erdkröte kommt in Waldungen, Gebüschen, Gärten und Höhlen, auch in Kellerräumen und altem Mauerwerk vor. **Gift:** Bufotoxin, Bufotalin, Bufotenin. **Wirkung:** Das Drüsensekret ist ätzend und reizt die Schleimhäute von Mund und Nase. Nach dem Anfassen dieser Tiere die Hände waschen! Sollte bei Kindern eine Haut- oder Schleimhautreizung vorkommen, dann reichlich mit Wasser spülen.

Wechselkröte

Bufo viridis

Kröten, Bufonidae. **Merkmale:** Die Wechselkröte wird bis 9 cm groß. Die Oberseite ist hellgrau bis olivfarben mit grünlichen Flecken und rötlichen Warzen. Diese Art ist mit den langen Hinterbeinen in der Lage, verhältnismäßig schnell zu hüpfen. **Vorkommen:** Mittel- und Südeuropa. Im Norden bis Dänemark; fehlt in Großbritannien, Belgien, Holland und auf der Pyrenäenhalbinsel. In Bezug auf Aufenthaltsorte wenig anspruchsvoll, sehr widerstandsfähig gegen Trockenheit und Salzgehalt des Wassers. **Gift:** Bufotenidin und Bufoviridin. **Wirkung:** Die Giftstoffe in den Hautsekreten wirken gefäßerregend, blutdrucksteigernd und schleimhautreizend. Es besteht aber keine Gefahr. Bei Berührungen Hände waschen!

Laubfrosch

Hyla arborea

Laubfrösche, Hylidae. **Merkmale:** Leuchtend grüner, bis 5 cm großer Frosch mit glatter Oberseite. Durch Farbwechsel kann der Laubfrosch auch grau oder braun werden. Mittels kleiner Haftscheiben an den Fingern und Zehen klettert er hoch ins Gebüsch und auf Bäume. Beim Männchen wird beim Quaken die Kehlschallblase kugelig aufgetrieben. **Vorkommen:** Mittel- und Südeuropa. Auf feuchten Wiesen, in Sümpfen, an Waldrändern und in Gärten. **Gift:** Ein hämolytisch wirkendes Peptid von noch unbekannter Struktur. **Wirkung:** Für den Menschen nicht gefährlich, trotzdem nach Berührung die Hände waschen.

schwach giftig Erdkröte

schwach giftig Wechselkröte

schwach giftig Laubfrosch

Kreuzotter

Vipera berus

Ottern, Viperidae. **Merkmale:** Während die Männchen kaum länger als 60 cm werden, kann das Weibchen eine Länge von über 80 cm erreichen. Der Kopf ist wenig abgesetzt, der Körper wirkt gedrungen. Die Männchen sind silber-, asch- oder braungrau mit schwarzem Zickzackband. Die Weibchen tragen ein dunkelbraunes Rückenband auf gelb- oder rotbrauner Grundfärbung. Relativ häufig findet man ganz schwarze Tiere, sogenannte Höllenottern, selten dagegen Kupferottern, wunderschöne, kupferfarbene Kreuzottern mit kaum kennbarer Rückenzeichnung. Giftzähne wie bei der Sandviper (siehe S. 176). **Vorkommen:** Nord- und Mitteleuropa, sowohl im Flachland als auch im Gebirge (bis 3000 m). Im Moor, auf Heideflächen, Waldlichtungen und Waldrändern. **Gift:** Gemisch von Enzymen, z. B. Phosphorlipase, Phosphordiesterase, Peptidase. **Wirkung:** Störung der Blutgerinnung, Zerstörung von Gewebe und Blutgefäßen, kreislaufhemmende Wirkung. **Vergiftungserscheinungen:** Schwere Verläufe sind möglich, tödliche Vergiftungen beim Menschen eher selten. Kinder sind mehr gefährdet. Häufiger kommen tödliche Vergiftungen bei Tieren vor, vor allem bei Hunden. Lokal: zwei symmetrische, 1 cm auseinanderliegende Einstiche der Giftzähne; Schmerzen, Schwellung mit Zunahme über 3 Tage, Einblutung mit blau-livider Verfärbung der Haut, Lymphgefäß- und Lymphknotenentzündung, auch Nekrose an der Bissstelle möglich. Allgemeinsymptome: Übelkeit, Erbrechen, Bauchschmerzen, Schweißausbruch, Blutdruckabfall, Tachykardie, Schock. Möglich auch anaphylaktischer Schock mit Lippen- und Zungenschwellung; selten Blutgerinnungsstörung.
Erste Hilfe: Ruhigstellen des betreffenden Körperteils, keine Manipulationen an der Bissstelle: kein Aussaugen, kein Ausschneiden, kein Abbinden. Lokal desinfizieren und kühle Umschläge sind sinnvoll; Patienten beruhigen, immer Vorstellung beim Arzt oder in der Klinik. **Therapie:** Falls Symptome auftreten, mindestens 24 Stunden stationär überwachen, Tetanusprophylaxe, abschwellende Maßnahmen, Überwachung von Kreislauf und Blutgerinnung. Schlangen-Antiserumgabe nur bei ausgeprägten und schnell zunehmenden lokalen Beschwerden oder bei allgemeinen Vergiftungserscheinungen indiziert. Eine Datenbank im Giftnotruf München (Tel.: 089/1 92 40) informiert über die in Europa verfügbaren Schlangengift-Antisera-Bevorratungsstellen.

stark giftig Kreuzotter

stark giftig Kreuzotter (Höllenotter)

stark giftig Kreuzotter (Kupferotter)

Sandviper

Vipera ammodytes

Ottern, Viperidae. **Merkmale:** Die Sandviper oder Hornotter ist die größte und gefährlichste Giftschlange des europäischen Raumes. Das Weibchen kann bis 90 cm lang werden, das Männchen ist etwas kleiner. Der Körper ist gedrungen. Deutlich vom Hals abgesetzt ist der breite dreieckige Kopf. Als unverwechselbares Kennzeichen hat diese Vipernart auf der Schnauzenspitze ein weiches, beschupptes, hornähnliches Gebilde, das sonst keine andere europäische Viper oder Natter aufweist. Die Rückenfärbung des Männchens ist meist grau oder graubraun mit einem sehr dunklen, manchmal auch schwarzen, welligen Zickzackband. Beim Weibchen, das mehr bräunlich ist, hebt sich das Zickzackband weniger deutlich von der Grundfarbe ab. Die Unterseite ist auf schmutzig gelblichem Grund dunkelgrau getüpfelt. Diese lebendgebährende Viper ernährt sich von Mäusen, Maulwürfen, kleinen Vögeln und Eidechsen. Die Beutetiere werden vor dem Verschlingen durch einen Biss getötet. Die europäischen Vipern haben rechts und links am Oberkiefer je einen funktionierenden, röhrenförmigen Giftzahn, der in Verbindung mit einer Giftdrüse steht. **Vorkommen:** In südosteuropäischen Ländern; im Nordwesten bis Venetien, Südtirol und Kärnten vorkommend. **Gift:** Neurotoxin; hämorrhagische Faktoren; proteolytische Enzyme, Phospholipase, Hyaluronidase. Tödliche Vergiftungen können vorkommen, besonders dann, wenn beim Biss ein Blutgefäß getroffen wird. **Wirkung:** Lähmend auf Atemzentrum, hämolytische und gewebszerstörende Reaktionen, Blutgerinnungsstörungen und Gefäßschäden. **Vergiftungserscheinungen:** Nach dem nicht sehr schmerzhaften Biss sieht man zunächst die beiden Einstiche der Giftzähne, die etwa 6 mm auseinanderliegen und meist bluten. Bald treten Schmerzen auf. Während der Gebissene erblasst, wird der betroffene Körperteil rot und schwillt an. Häufig bilden sich von der Bissstelle aus rote Ausläufer. In den schweren Fällen schwellen die Lymphknoten an und der Allgemeinzustand des Betroffenen verschlechtert sich: Angstzustände, beschleunigter Puls, kurzer schneller Atem, Kollaps. Nach einigen Stunden bilden sich rings um die Bissstelle rötlichblaue bis dunkelviolette Flecken (Blutaustritt im Gewebe). Ohne Behandlung wird das Gewebe nekrotisch, was den Verlust des betroffenen Gliedes zur Folge haben kann. Wird beim Biss ein Blutgefäß getroffen, so kann der Tod durch Lähmung des Atemzentrums oder durch ein Hirnödem eintreten. **Erste Hilfe** und **Therapie:** Siehe Kreuzotter.

stark giftig Sandviper

stark giftig Sandviper

Wiesenotter

Vipera ursinii

Ottern, Viperidae. **Merkmale:** Die Wiesen- oder Spitzkopfotter erreicht eine Länge von höchstens 50 cm. Der Körper ist mäßig schlank, der Kopf eiförmig und kaum vom Hals abgesetzt. Der hellgraue oder hellbraune Rücken weist in der Mitte ein dunkles Zickzackband auf; an den Flanken meist eine undeutliche Fleckenreihe. **Vorkommen:** Vom südlichen Europa zum mittleren Asien. In Europa nur stellenweise in Südfrankreich, Mittelitalien, Niederösterreich und den Balkanländern. **Gift** bis **Therapie:** Siehe Kreuzotter.

Aspisviper

Vipera aspis

Ottern, Viperidae. **Merkmale:** Auch bei der Aspisviper ist das Weibchen größer und kann eine Länge von 75 cm erreichen. Der gedrungene Körper hat einen breiten, dreieckigen Kopf, der vom Hals wenig abgesetzt ist. Als Besonderheit ist die Schnauzenspitze deutlich nach vorn aufgestülpt. Man findet bei der Aspisviper sowohl graue als auch hellbraune oder rotbraune Tiere mit dunkler, fast schwarzer Zeichnung. Die Rückenzeichnung besteht aus Längsreihen zueinander versetzter Querbänder oder aus rechteckigen Flecken, die teilweise in einem Zickzackband, das aber abgerundete Ecken hat, verschmelzen können. Giftzähne wie bei Sandviper. **Vorkommen:** In den Pyrenäen wurde sie noch über 2400 m Höhe gefunden; in Frankreich, in der Schweiz und auf der Apenninhalbinsel. **Gift** und **Wirkung:** Siehe Kreuzotter. Der Vergiftungsverlauf nach dem Biss ist im Allgemeinen schwerer als nach einem Kreuzotternbiss. **Vergiftungserscheinungen:** Die Hämorrhagie an der Bissstelle erfasst einen größeren Bereich und geht innerhalb weniger Stunden in eine Nekrose über. Erbrechen und Schwindelgefühl, Temperaturerhöhung und schwacher Puls sind die Folgeerscheinungen. In schweren Fällen wurden auch Nierenstörungen und Leberschäden beobachtet. **Erste Hilfe** und **Therapie:** Siehe Kreuzotter.

stark giftig Wiesenotter

stark giftig Aspisviper

Foto-Übersicht der giftigen und essbaren Früchte

In der folgenden Übersicht werden alle im Buch behandelten giftigen Früchte abgebildet. Zum Vergleich und um Verwechslungen vorzubeugen, wurden nicht giftige Vertreter dazugestellt. Die Früchte sind entsprechend Form und Farbe so angeordnet, dass ähnlich aussehende beieinanderstehen. Es beginnt mit den blauen, dann folgen die schwarzen, die roten und schließlich die weißen, grünen und braunen Früchte. Unter jedem Foto findet man den Artnamen mit Verweis, auf welcher Seite des Buches die Art ausführlich behandelt wird – mit genauen Hinweisen zur Gefährlichkeit. »Nicht giftige« Arten werden im Buch nicht näher besprochen.

Wacholder, S. 88

Sadebaum, S. 88

Schlehdorn, nicht giftig

Mahonie, S. 90

Felsenbirne, nicht giftig

Rauschbeere, S. 116

Heidelbeere, nicht giftig

Schwarze Krähenbeere, S. 116

Einbeere, S. 68

Vielblütige Weißwurz, S. 72

Wohlriechende Weißwurz, S. 72

Schwarzbeerige Zaunrübe, S. 38

Schwarzer Nachtschatten, S. 44

Tollkirsche, S. 40

Schwarze Heckenkirsche, S. 128

Efeu, S. 130

Liguster, S. 122

Christophskraut, S. 16

Schwarzer Holunder, S. 124

Zwerg-Holunder, S. 56

Kreuzdorn, S. 100

Brombeere, nicht giftig

Roter Hartriegel, nicht giftig

Faulbaum, S. 100

Trauben-Kirsche, nicht giftig

Kirschlorbeer, S. 98

Amerikanische Kermesbeere, S. 28

Wolliger Schneeball, S. 124

Gewöhnlicher Schneeball, S. 122

Trauben-Holunder, S. 126

Mehlbeere, nicht giftig

Eberesche, S. 96

Eingriffeliger Weißdorn, nicht giftig

Cotoneaster-Arten, S. 96

Gewöhnlicher Seidelbast, S. 108

Gewöhnliche Heckenkirsche, S. 128

Drachenwurz, S. 78

Aronstab, S. 80

Himbeere, nicht giftig

Erdbeere, nicht giftig

Rote Johannisbeere, nicht giftig

Preiselbeere, nicht giftig

Moosbeere, nicht giftig

Bittersüßer Nachschatten, S. 44

Bocksdorn, S. 118

Berberitze, nicht giftig

Kornelkirsche, nicht giftig

Alpen-Heckenkirsche, S. 128

Vogel-Kirsche, nicht giftig

Hunds-Rose, nicht giftig

Eibe, S. 86

Stechpalme, S. 120

Wald-Geißblatt, S. 130

Wohlriechendes Geißblatt, S. 130

Quirlblättrige Weißwurz, S. 72

Maiglöckchen, S. 74

Zweiblättrige Schattenblume, S. 72

Rotbeerige Zaunrübe, S. 38

Pfaffenhütchen, S. 94

Sanddorn, nicht giftig

Schneebeere, S. 126

Mistel, S. 92

Feuerbohne, S. 36

Blauregen, S. 104

Morgenländ. Lebensbaum, S. 88

Lupine, S. 34

Buche, S. 110

Goldregen, S. 102

Esskastanie, nicht giftig

Rosskastanie, S. 112

Ungiftige Bäume und Sträucher zur Bepflanzung

Die Übersicht nennt wissenschaftlichen Namen, deutschen Namen und Wuchsform. Sie soll Hilfestellung bei der Bepflanzung von Anlagen, insbesondere in Kindergärten und Schulen, oder des eigenen Gartens geben. Einheimische Gehölze wurden besonders gekennzeichnet, da ihnen aus ökologischen Gründen (z. B. Nahrung und/oder Lebensraum für Insekten und Vögel) der Vorzug zu geben ist. Da eine nahezu unübersehbare Vielfalt an Arten und Sorten im Handel erhältlich ist, kann die Aufstellung nicht vollständig sein, sondern soll lediglich Anregungen vermitteln.
Die Liste wurde erstellt von Prof. Dr. Max von Clarmann, Toxikologe, München, dem an dieser Stelle für die Bereitstellung der Daten gedankt sei.

wissenschaftl. Name	deutscher Name	Wuchsform, Bemerkungen (einheimisch durch • gekennzeichnet)
Abies concolor	Colorado-Tanne	Nadelbaum, Freistand
Abies homolepis	Nikko-Tanne	Nadelbaum, Freistand
Acer campestre	Feld-Ahorn	Baum, Freistand; Hecke, geschnitten •
Acer ginnala	Mandschurischer Ahorn	Strauch, Freistand
Acer negundo	Eschen-Ahorn	Baum, Freistand
Acer platanoides	Spitz-Ahorn	Baum, Freistand •
Acer pseudoplatanus	Berg-Ahorn	Baum, Freistand •
Acer saccharinum	Silber-Ahorn	Baum, Freistand
Actinidia arguta	Scharfzähniger Strahlengriffel	Schling-, Kletter- und Rankgehölz; nur männliche Pflanzen
Aesculus carnea	Rot blühende Rosskastanie	Baum, Freistand; keine Früchte
Aesculus carnea 'Briotii'	Briots Rotblühende Rosskastanie	Baum, Freistand; keine Früchte
Alnus glutinosa	Schwarz-Erle	Baum, Freistand •
Alnus incana	Grau-Erle	Baum, Freistand •
Amelanchier canadensis	Felsenbirne	Deck- und Blütenstrauch

wissenschaftl. Name	deutscher Name	Wuchsform, Bemerkungen (einheimisch durch • gekennzeichnet)
Berberis thunbergii	Berberitze	Deck- und Blütenstrauch
Betula pendula (= B. verrucosa)	Hänge-Birke, Weiß-Birke	Baum, Freistand •
Bilderdykia aubertii	Chinesischer Schlingen-knöterich	Schling-, Kletter- und Rankgehölz
Buddleja davidii	Sommerflieder	Deck- und Blütenstrauch
Carpinus betulus	Hainbuche, Weißbuche	Baum, Freistand •
Cornus alba	Hartriegel	Deck- und Blütenstrauch
Corylus avellana	Haselnuss	Deck- und Blütenstrauch •
Crataegus laevigata	Zweigriffeliger Weißdorn	Hecke, geschnitten; nur als geschnittene Hecke
Crataegus laevigata 'Paulii'	Rotdorn	Baum, Freistand
Crataegus laevigata 'Rubra Plena'	Gefüllt blühen-der Rotdorn	Baum, Freistand
Crataegus monogyna	Eingriffeliger Weißdorn	Hecke, geschnitten; Deck- und Blüten-strauch; nur als geschnittene Hecke •
Deutzia gracilis	Zierliche Deutzie	Strauch, Freistand; Hecke, frei wachsend
Deutzia rosea	Glöckchen-Deutzie	Strauch, Freistand; Hecke, frei wachsend
Deutzia scabra	Raublättrige Deutzie	Strauch, Freistand; Hecke, frei wachsend
Elaeagnus angustifolia	Ölweide	Deck- und Blütenstrauch
Forsythia intermedia	Forsythie	Deck- und Blütenstrauch; Hecke, frei wachsend
Fraxinus excelsior	Gewöhnliche Esche	Baum, Freistand; rein männliche Exemplare pflanzen •
Fraxinus ornus	Manna- oder Blumen-Esche	Baum, Freistand

wissenschaftl. Name	deutscher Name	Wuchsform, Bemerkungen (einheimisch durch • gekennzeichnet)
Hippophae rhamnoides	Sanddorn	Strauch, Freistand; Hecke frei wachsend; nur männliche Pflanzen •
Holodiscus discolor	Scheinspiere, Schaumspiere	Strauch, Freistand
Kerria japonica 'Pleniflora'	Gefülltblühende Kerrie, Goldröschen	Strauch, Freistand; Hecke, frei wachsend
Larix decidua	Europäische Lärche	Nadelbaum, Freistand •
Larix kaempferi	Japanische Lärche	Nadelbaum, Freistand
Philadelphus-Hybriden	Pfeifenstrauch, Falscher Jasmin	Strauch, Freistand; Hecke, frei wachsend; nur gefüllte, nicht fruchttragende Sorten
Picea abies	Gewöhnliche Fichte oder Rot-Fichte, Rottanne	Nadelbaum, Freistand; Hecke, geschnitten •
Picea glauca	Schimmel-Fichte, Kanadische Fichte	Nadelbaum, Freistand; Hecke, geschnitten
Picea omorika	Serbische Fichte	Nadelbaum, Freistand
Picea pungens	Stech-Fichte	Nadelbaum, Freistand; Hecke, geschnitten
Picea sitchensis	Sitka-Fichte	Nadelbaum, Freistand; Hecke, geschnitten
Pinus mugo	Berg- oder Krummholz-Kiefer	Nadelbaumgehölz, Hecke, frei wachsend •
Pinus nigra	Schwarz-Kiefer	Nadelbaum, Freistand •
Pinus peuce	Rumelische Kiefer	Nadelbaum, Freistand
Pinus sylvestris	Wald-Kiefer	Nadelbaum •
Pinus strobus	Weymouths-Kiefer	Nadelbaum, Freistand
Platanus acerifolia	Platane	Baum

wissenschaftl. Name	deutscher Name	Wuchsform, Bemerkungen (einheimisch durch • gekennzeichnet)
Populus berolinensis	Berliner Pappel	Baum, Freistand
Populus canescens	Grau-Pappel	Baum, Freistand •
Populus nigra 'Italica'	Pyramiden- oder Säulenpappel	Baum, Freistand; nur männliche Exemplare
Populus-canadensis-Hybriden, z.B. 'Robusta' und 'Bachelieri'		Baum, Freistand
Potentilla fruticosa	Fingerstrauch, Strauch-Fingerkraut	Strauch, Freistand; Hecke, frei wachsend; Deck- und Blütenstrauch
Prunus serrulata	Japanische Blütenkirsche	Baum, Freistand; nur gefüllt blühende Japanische Zierkirschen-Sorten
Prunus subhirtella 'Autumnalis'	Herbst-Bergkirsche	Strauch, Freistand
Prunus triloba	Mandelbäumchen	Strauch, Freistand
Pseudotsuga menziesii	Douglasie	Nadelbaum, Freistand
Salix purpurea	Purpur-Weide	Hecke, frei wachsend •
Sorbaria sorbifolia	Gewöhnliche Fiederspiere	Hecke, frei wachsend oder geschnitten
Spiraea vanhouttei	Vanhouttes Spierstrauch	Hecke, frei wachsend oder geschnitten; Deck- und Blütenstrauch
Spiraea albiflora	Weißer Spierstrauch	Hecke, frei wachsend oder geschnitten
Spiraea arguta	Spitzzähniger Spierstrauch	Hecke, frei wachsend oder geschnitten; Deck- und Blütenstrauch
Spiraea billiardii 'Triumphans'	Billiards Spierstrauch	Hecke, frei wachsend
Spiraea bumalda 'Anthony Waterer'	Niedriger Spierstrauch	Hecke, frei wachsend; Deck- und Heckenstrauch

wissenschaftl. Name	deutscher Name	Wuchsform, Bemerkungen (einheimisch durch • gekennzeichnet)
Spiraea thunbergii	Thunbergs Spierstrauch	Hecke, frei wachsend
Stephanandra incisa	Fiederschnittige Kranzspiere	Hecke, frei wachsend
Stephanandra tanakae	Tanaka-Kranzspiere	Hecke, frei wachsend
Syringa vulgaris	Gewöhnlicher Flieder (in Sorten)	Hecke, frei wachsend oder geschnitten
Tilia cordata	Winter-Linde	Baum, Freistand •
Tilia euchlora	Krim-Linde	Baum, Freistand
Tilia platyphyllos	Sommer-Linde	Baum, Freistand •
Tilia tomentosa	Silber-Linde	Baum, Freistand
Tilia vulgaris	Holländische Linde	Baum, Freistand
Ulmus glabra	Bergrüster oder Berg-Ulme	Baum, Freistand •
Ulmus hollandica	Holländischer Rüster oder Ulme (in Sorten)	Baum, Freistand
Ulmus minor	Feldrüster oder Feld-Ulme	Baum, Freistand •

Medizinische Fachausdrücke

Abort: Fehlgeburt.

Abortivum: Abtreibemittel zur Herbeiführung von Fehlgeburten in strafbarer Absicht.

anaphylaktisch: Anaphylaxie; Sonderform der Allergie; Überempfindlichkeit aufgrund einer Antigen-Antikörper-Reaktion.

Angina pectoris: »Engbrüstigkeit«; Anfälle von heftigen Schmerzen in der linken Brustseite, die in Bauch, linke Halsseite oder linken Arm ausstrahlen; oft mit Todesangst verbunden.

Arrhythmie: unregelmäßige Herzschlagfolge.

Ataxie: Störung der Bewegungskoordination, des geordneten Zusammenwirkens von Muskelgruppen.

Bradykardie: stark verlangsamte Herztätigkeit.

broncholytisch: die Bronchien erweiternd.

choreatisch: unkontrollierte, schnelle Muskelzuckungen, »Veitstanz«-ähnlich.

Delirium: veränderte Bewusstseinslage, die sich verschieden äußern kann, z. B. durch Verwirrtheit, Angstzustände, wahnhafte Vorstellungen, begleitet von motorischer Unruhe, Schweißausbruch und Fieber.

Elektrolyte: chemische Grundstoffe (Blutsalze) im menschlichen Körper, die der Körper unter verschiedensten Bedingungen verlieren kann und die dann ersetzt werden müssen.

epileptiform: dem epileptischen Anfall ähnlich (Epilepsie = Fallsucht).

Euphorie: eine unter Umständen krankhaft gehobene Stimmung bei motivloser Heiterkeit.

Extremitäten: Gliedmaßen; Arme und Beine.

gastrointestinal: Magen und Darm betreffend.

hämolytisch: Hämolyse; Austritt von Blutfarbstoff bei Auflösung der roten Blutkörperchen.

Hämorrhagie: Durchtrittsblutung, z. B. durch Annagen eines Gefäßes.

Halluzination: Sinnestäuschung, »Wahrnehmung ohne Objekt«

Hirnödem: feuchte Volumenzunahme des Gehirns = Hirnschwellung.

Hypoglykämie: Verminderung des Blutzuckers.

Hyposensibilisierung: der Versuch, durch ärztliche Behandlung die Überempfindlichkeit gegen bestimmte Stoffe oder Gifte herabzusetzen.

Inkubationszeit: Zeit von der Infektion bis zum Ausbruch einer Krankheit.

Insuffizienz: Schwäche, ungenügende Leistung.

Intentionsstörungen: hemmende oder ängstliche Vorstellungen, die die

Ausführung bestimmter Handlungen verhindern.

Kolik: krampfartige Leibschmerzen, schmerzhaftes Zusammenziehen eines Hohlorgans (Darm-, Gallen-, Blasen- und Magenkolik).

Kollaps: international: »Schock«; der Begriff Kollaps wird aber auch in der inneren Medizin für einfache akute Kreislaufschwächen verwendet.

Koma: Bewusstlosigkeit; Zustand tiefster, durch äußere Reize nicht zu unterbrechender Bewusstseinsstörung.

Kontrakturstellungen: Gelenksteife und Bewegungseinschränkung durch Zusammenziehen von Muskelgruppen.

Latenz: symptomarme oder -freie Zeitspanne zwischen der Einnahme eines Giftes und dem Beginn der Wirkung.

Lungenödem: Durchtränkung der Lunge mit Flüssigkeit aus den Blutgefäßen.

Medulla oblongata: verlängertes Mark; Sitz von Atem-, Herz-Kreislauf- und anderen wichtigen Reflexzentren.

motorisch: willkürliche aktive Bewegungsvorgänge betreffend.

Mydriasis: krankhafte Erweiterung der Pupille.

Nekrose: örtliches Absterben von Organteilen oder Geweben.

Nephritis: Nierenentzündung.

oral: durch den Mund …

psychomotorisch: Beeinflussung der Funktion des vegetativen Nervensystems (z. B. Kreislauf, Verdauung) durch psychische Vorgänge.

resorbieren: aufsaugen, aufnehmen.

Resorption: Aufnahme von Stoffen in die Blut- und Lymphbahn über den Magen-Darm-Kanal.

Somnolenz: krankhafte Schläfrigkeit, Benommenheit.

symptomatische Behandlung: Behandlung von Krankheitssymptomen bzw. Krankheitserscheinungen (nicht nach den Ursachen der Krankheit, nicht die Krankheit selbst).

Symptome: mit den menschlichen fünf Sinnen – ohne technische Hilfsmittel – wahrnehmbare Krankheitserscheinungen.

Syndrom: Gruppe von gleichzeitig auftretenden Krankheitssymptomen.

Tachykardie: stark beschleunigte Herztätigkeit.

Therapie: Heilverfahren, Behandlung von Krankheiten.

Toxikologie: Lehre von Giften und Vergiftungen.

toxisch: giftig.

Vorhofflattern und -flimmern: Störung der Tätigkeit der Vorhöfe des Herzens.

Zeckenexposition: Gesamtheit der äußeren Krankheitsbedingungen, denen ein Organismus ausgesetzt ist und die durch den Zeckenbiss hervorgerufen wurden.

Informationszentralen für Vergiftungsfälle mit 24-Stunden-Dienst in Deutschland

13437 Berlin
Giftnotruf Berlin, Institut für Toxikologie
Oranienburger Straße 285
Tel.: 030/19240
E-Mail: mail@giftnotruf.de
Internet: www.giftnotruf.de

53113 Bonn
Informationszentrale gegen Vergiftungen des Landes Nordrhein-Westfalen
Adenauerallee 119
Tel.: 0228/19240
E-Mail: gizbn@ukb.uni-bonn.de
Internet: www.meb.uni-bonn.de/giftzentrale

99089 Erfurt
Giftinformationszentrum der Länder Mecklenburg-Vorpommern, Sachsen, Sachsen-Anhalt und Thüringen
Nordhäuser Straße 74
Tel.: 0361/730-730
E-Mail: ggiz@ggiz-erfurt.de
Internet: www.ggiz-erfurt.de

79106 Freiburg
Vergiftungs-Informations-Zentrale Freiburg
Mathildenstraße 1
Tel.: 0760/19240
E-mail: giftinfo@uniklinik-freiburg.de
Internet: www.giftberatung.de

37075 Göttingen
Giftinformationszentrum-Nord der Länder Bremen, Hamburg, Niedersachsen und Schleswig-Holstein
Robert-Koch-Straße 40
Tel.: 0551/19240
E-Mail: giznord-giz-nord.de
Internet: www.giz-nord.de

66424 Homburg/Saar
Universitätsklinikum des Saarlandes
Kirrberger Straße
Tel.: 06841/19240
E-Mail: info@uniklinikum-saarland.de
Internet: uniklinikum-saarland.de

55131 Mainz
Giftinformationszentrum der Länder Rheinland-Pfalz und Hessen
Langenbeckstraße 1
Tel.: 06131/19240
E-Mail: mail@giftinfo.uni-mainz.de
Internet: giftinfo.uni-mainz.de

81675 München
Giftnotruf München, Toxikologische Abteilung der II. Med. Klinik der Technischen Universität München
Ismaninger Straße 22
Tel.: 089/19240
E-Mail: tox@Lrz.tum.de
Internet: www.toxinfo.org

90340 Nürnberg
Giftinformationszentrale der medizinischen Klinik 2, Klinikum Nürnberg Nord
Professor-Ernst-Nathan-Straße 1
Tel.: 0911/3982417
E-Mail: intensiv_39e@klinikum-nuernberg.de
Internet: klinikum-nuernberg.de

Informations- und Behandlungszentren für Vergiftungen mit 24-Stunden-Dienst in Europa

Belgien
1120 Bruxelles
Centre Antipoisons
c/o Hôpital Militaire Reine Astrid
Rue Bruyn 1
Tel.: (00 32) (0 70) 24 52 45
Internet: www.poisoncentre.be

Dänemark
2400 Copenhagen NV
Giftlinjen
Bispebjerg Bakke 23/60.1
Tel.: (00 45) 82 12 12 12

Frankreich
13274 Marseille Cedex 9
Centre Antipoison de Marseille
Hôpital Salvator
249, bd Ste-Marguerite
Tel.: (00 33) (4) 91 75 25 25

75475 Paris Cedex 10
Centre Antipoison de Paris
Hôpital Fernand Widal
200, Rue du Faubourg, Saint Denis
Tel.: (00 33) (1) 40 05 48 48
Internet: www.centres-antipoison.net

67091 Strasbourg Cedex
Centre Anti-Poison et de Toxicovigilande
Hôpitaux Universitaires
Nouvel Hôpital Civil
BP 426
Tel.: (0 33) (3) 88 37 37 37

Griechenland
11527 Athen
Poison Information Centre
Childrens Hospital »Aglaia Kyriakou«
Tel.: (00 30) (2 10) 7 79 37 77
Internet: www.uoa.gr/health/poisonic

Großbritannien
London SE14 5ER
Guy's Poisons Unit
Avonley Road
Tel.: (00 44)(0) 2 07 77 71 53 94 (24 hr)
(00 44) (0) 207 6 39 89 99 (24 hr)
Internet: www.medtox.org

Irland
Dublin 9
Poisons Information Centre
Beaumont Hospital, PO Box 1297
Tel.: (0 03 53) (1) 8 09 25 66
(0 03 53) (1) 8 37 99 66
Internet: www.poisons.ie

Italien
20162 Milano
Centro Antiveleni
Ospendale »Niguarda Cà Grande«
Piazza Ospendale Maggiore 3
Tel.: (00 39) (2) 66 10 10 29
Internet: www.ospendaleniguarda.it

00168 Roma
Centro Antiveleni
Policlinico »A. Gemelli«
Università Cattolica del Sacro Cuore
Largo A. Gemelli 8
Tel.: (00 39) (6) 3 05 43 43
Internet: www.tox.it

Kroatien
10000 Zagreb
Poisons Control Centre
Institute of Medical Research and Occupational Health
Ksaverska C. 2
P.O. Box 291
Tel.: (0 03 85) (1) 2 34 83 42
(0 03 85) (1) 2 34 78 84
Internet: www.imi.hr

Niederlande
3720Ba Bilthoven
National Vergiftingen Informatie Centrum
Rijksinstituut voor Volksgezondheid
en Milieu
Postbus 1
Tel.: (00 31) (30) 274 88 88
Internet: www.vergiftingen.info

Norwegen
0130 Oslo
Giftinformasjonssentralen
National Poisons Information Centre
P.O. Box 7000 St. Olavs plass
Tel.: (00 47) 22 59 13 00
Internet: www.giftinfo.no

Österreich
1090 Wien
Vergiftungsinformationszentrale
Allgemeines Krankenhaus
Währinger Gürtel 18–20
Tel.: (00 43) (1) 406 68 98
(00 43) (1) 406 43 43 (Notfälle)
Internet: www.giftinfo.org

Polen
03401 Warszawa
Poison Centre of Warsaw
Pl. Weterabow 4
Tel.: (00 48) (22) 61 908 97
(00 48) (22) 6 19 66 54

Portugal
1000–013 Lisboa
Centro de Informação Antivenenos
Instituto Nacional de Emergência Medica
Rua Almirante Barroso 36
Tel.: (00 351) 808 250 143 (Notfälle)
(00 351) (21) 330 32 84
Internet: www.inerm.pt

Schweden
17176 Stockholm
Giftinformationscentralen
Swedish Poisons Information Centre
Tel.: (00 46) (8) 736 03 84 (Notfälle)
(00 46) (8) 33 13 31
Internet: www.giftinformation.se

Schweiz
8032 Zürich
Schweizerisches Toxikologisches
Informationszentrum, Freiestrasse 16
Tel.: (00 41) (44) 25 151 51 (Notfälle)
(00 41) (44) 251 66 66
Internet: www.toxi.ch

Slowenien
1525 Ljubljana
Poison Control Center
University Medical Center Ljubljana
Zaloska 7
Tel.: (00 386) (1) 522 86 19
(00 386) (1) 41 63 55 00 (Notfälle)
Internet: www.zastruptiva.net

Spanien
28232 Madrid
Instituto Nacional de Toxicología
Servicio de Información Toxicológica
C/Jose Echegaray 4
Tel.: (00 34) (91) 562 04 20

Tschechische Republik
12808 Prag 2
Poison Information Centre
Clinic for Occupational Diseases
Na Bojisti 1
Tel.: (00 42) (02) 24 91 92 93
(00 42) (02) 24 91 54 02

Türkei
Sihhiye 06100 Ankara
National Poison Center
Refik Saydam Hygiene Institute
Cemal Gürsel Cad. No 18
Tel.: (00 90) (312) 458 28 22 08

Stichwortverzeichnis

Bildnachweis:

Altmann: 39or, 41or, 63, 73ur, 81or, 83o, 147u, 175u, 179u, 182ol, 182ur, 184ur, 186mr, 189ul, 189ur
Angermayer: 73ul, 113u, 191ur
Blickwinkel/A. Jagel: 41u
de Cuveland: 47o, 173ur, 182mr, 190ml
Effner/Angermayer: 75o
Eisenbeiss: 1, 15o, 19o, 19u, 37ol, 45ol, 55or, 65or, 89ol, 89u, 95, 97o, 101o, 121, 123or, 135ur, 137ol, 137ul, 137ur, 139ol, 139or, 141ol, 141ul, 180ol, 180or, 183ol, 183ur, 185or, 185mr, 185ul, 187ol, 187ml, 188mr, 188ur, 190ol, 190or
Eisenreich: 55ol
Ewald: 21u, 81ol, 171ol
GBA/Didillon: 37u
Hagemann: 163o
Hecker: 2/3, 5r, 29o, 35u, 47u, 87, 89or, 91o, 99ur, 107o, 111o, 111u, 113o, 117o, 117u, 131ur, 144/145, 149u, 155u, 161u, 167u, 177u, 181mr, 184ul, 191ol, 191ml
König: 35ol, 131ul, 147o, 151u, 157u, 175m, 177o, 184ml
Okapia: 61u
Pforr: 11, 15ul, 15ur, 17u, 23or, 49u, 51o, 57ol, 57or, 59, 65ol, 65u, 67u, 69u, 77u, 81u, 99ul, 101u, 105o, 105ul, 107ur, 115o, 115ul, 119ol, 119or, 127o, 128m, 153o, 153ul, 157or, 165, 169o, 169u, 175o, 179o, 181or, 181ul, 183ml, 183mr, 184mr, 186ur, 187or, 187ul, 188ml
Pfletschinger/Angermayer: 149ol, 149or, 159u, 161ol, 161or, 171or, 173o, 180ul
Pott: 49o, 77o, 163u
Reinhard: 9, 23u, 31, 37or, 39ol, 41ol, 45or, 45u, 51u, 55u, 57u, 61o, 67o, 69o, 73or, 75ul, 79o, 79u, 93u, 99o, 103 (Früchte), 105ur, 109o, 109u, 115ur, 119u, 123ol, 129ul, 131ol, 141or, 143or, 143u, 157ol, 181ol, 181ml, 181ur, 182ml, 184or, 186ml, 186ul, 187mr, 188ol, 188or, 188ul, 189or, 189ml, 189mr, 190mr, 190ul, 190ur, 191mr
Sauer/Hecker: 29u, 151o
Schrempp: 35or, 191or
Seidl: 17o, 21ol, 23ol, 25, 33o, 43, 91u, 107ul, 123u, 125u, 129ur, 131or, 135o, 135ul, 137or, 139u, 141ur, 143ol, 180ur, 182ul, 183or, 183ul, 184ol, 185ol, 185ml, 186ol, 186or, 187ur
Synatschke: 191ul
Tuschel/Willner: 171u
Friedrich Strauss: 5l, 132/133
www.wikipedia.org: 39u, 182or
Willner: 4l, 4r, 12/13, 21or, 27o, 27u, 33u, 53, 71, 75ur, 83u, 84/85, 93o, 97u, 125o, 127u, 155o, 167o, 173ul, 185ur
Wolfstetter: 159o
Wothe: 73ol, 129o, 153ur, 189ol
Foto S. 1: Pfaffenhütchen

ÜBER DEN AUTOR

Horst Altmann war früher unter anderem auch Rettungssanitäter bei der (Münchner) Berufsfeuerwehr und ist jetzt im Ruhestand. Er verfügt über langjährige Erfahrungen mit Vergiftungsfällen im Alltag und baute zu diesem Thema eine umfangreiche Datensammlung auf.

Bibliografische Information
der Deutschen Nationalbibliothek
Die deutsche Nationalbibliothek verzeichnet diese Publikation in der Deutschen Nationalbibliografie; detaillierte bibliografische Daten sind im Internet über http://dnb-d-nb.de abrufbar.

8., neu bearbeitete Auflage, Neuausgabe

BLV Buchverlag GmbH & Co KG
80797 München

Umschlagfotos: Blickwinkel/A. Lanle
(Roter Fingerhut/Vorderseite); Pforr
(Kreuzotter/Rückseite)

Lektorat: Dr. Friedrich Kögel,
Christina Redmer
Herstellung: Hermann Maxant

Umschlagkonzeption: Kocher & Partner,
München
Layoutkonzeption Innenteil:
griesbeckdesign, München

DTP: Satz+Layout Peter Fruth GmbH,
München

Gedruckt auf chlorfrei gebleichtem Papier

Printed in Germany
ISBN 978-3-8354-0839-5